陈炼 王筑娟 主编

肖琴 周家华 张政 郁美玲 杨晓萍 副主编

高等应用数学习题册（下）

清华大学出版社

北京

内 容 简 介

本书内容包括向量代数与空间解析几何、多元函数微分学、重积分、曲线积分、曲面积分、无穷级数、微积分的应用.

本书与现行的大部分高等数学教材同步,可作为教材的同步练习.习题册配有全部习题答案和部分习题的解答提示,MATLAB 程序实现部分为高等数学的应用提供了有益的帮助和启发.

本书既可以作为普通高等院校理工类、经管类本科生的参考资料,也可供研究生入学考试的备考训练使用.

版权所有,侵权必究.举报:010-62782989,beiqinquan@tup.tsinghua.edu.cn.

图书在版编目(CIP)数据

高等应用数学习题册.下/陈炼,王筑娟主编.—北京:清华大学出版社,2018(2024.7重印)
ISBN 978-7-302-49644-1

Ⅰ.①高… Ⅱ.①陈… ②王… Ⅲ.①应用数学-高等学校-习题集 Ⅳ.①O29-44

中国版本图书馆 CIP 数据核字(2018)第 033884 号

责任编辑:汪 操
封面设计:何凤霞
责任校对:赵丽敏
责任印制:丛怀宇

出版发行:清华大学出版社
网　　址:https://www.tup.com.cn, https://www.wqxuetang.com
地　　址:北京清华大学学研大厦 A 座　　　　邮　编:100084
社 总 机:010-83470000　　　　　　　　　　邮　购:010-62786544
投稿与读者服务:010-62776969,c-service@tup.tsinghua.edu.cn
质量反馈:010-62772015,zhiliang@tup.tsinghua.edu.cn
印 装 者:三河市少明印务有限公司
经　　销:全国新华书店
开　　本:260mm×185mm　　印　张:8.5　　　　字　数:233 千字
　　　　　(附参考答案1本)
版　　次:2018 年 3 月第 1 版　　　　　　　　印　次:2024 年 7 月第 8 次印刷
定　　价:35.00 元

产品编号:075078-02

前　言

　　本习题册包含多种题型：选择题、填空题、计算题、证明题、综合题. 除每章的总习题外，主要按难度划分为基础题、提高题、综合题、思考题. 基础题直接考查较简单的基本概念、性质、公式和方法；提高题则是需要多步骤计算或者涉及本节多个知识点的题目，但也属于必须掌握的范畴；综合题涉及多章节的知识点；思考题主要涉及较难理解、较易混淆的知识点或者比较复杂的解题思路和求解过程. 读者可以根据自己的需求选择相应难度的题目进行练习. 建议高等数学的初学者在学习过程中采取循序渐进的策略. 每一章的总习题未进行难度划分，因为考虑到该章的学习已经结束，读者应该已经掌握判断本章题目难度的能力. 另外，本习题册每节都给出了知识提要，方便读者进行知识回顾.

　　为使读者能够在高等数学的学习过程中逐步养成利用数学思维来思考问题的习惯，为了锻炼读者利用数学方法解决问题的能力，本书在一些章中增加了"程序实现"部分，给出了一些简单的 MATLAB 程序题，该部分也给出了示例程序. 读者可以借鉴这些程序，对给出的问题进行编程计算. 需要注意的是：下册的"程序实现"部分所涉及的问题比上册更复杂，且多以上册为基础，故希望读者能先熟练上册的内容. 另一方面，最后一章"微积分的应用"讲述了四个专题，限于习题册的篇幅，都只给出了一个问题的分析、推导和求解，供读者参考，了解高等数学的部分应用实例.

　　在本习题册的编写过程中，严宗元老师认真负责地审阅了全书，提出了许多宝贵的意见，改正了不少错误，极大地提高了习题册的质量. 习题册初稿完成后，杨蕊老师独立地给出了大部分习题的解答，很大程度上保证了习题答案的正确性. 对严宗元老师和杨蕊老师的无私帮助，表示衷心的感谢.

　　由于时间仓促，编者水平有限，书中难免有疏漏和不足之处，恳请广大读者和同行提出宝贵意见，以便日后做出修订，使本习题册更加完善.

编　者
2017 年 11 月于上海应用技术大学

目 录

第 8 章　向量代数与空间解析几何 …………………………………… **1**

　　习题 8-1　空间直角坐标系和空间向量的线性运算 ……… 1

　　习题 8-2　空间向量的数量积和向量积 ……………… 4

　　习题 8-3　空间平面 ……………………………………… 7

　　习题 8-4　空间直线 ……………………………………… 9

　　习题 8-5　空间曲面 ……………………………………… 13

　　习题 8-6　空间曲线 ……………………………………… 15

　　习题 8-P　程序实现 …………………………………… 17

　　总习题 8 …………………………………………………… 19

第 9 章　多元函数微分学 ………………………………… **22**

　　习题 9-1　多元函数的基本概念 ……………………… 22

　　习题 9-2　偏导数 ………………………………………… 24

　　习题 9-3　全微分 ………………………………………… 26

　　习题 9-4　多元复合函数的求导法则 ………………… 27

　　习题 9-5　隐函数的求导法则 ………………………… 30

　　习题 9-6　多元函数微分学的应用——曲线的切向量与曲面的法向量 …………………… 33

　　习题 9-7　多元函数微分学的应用——方向导数与梯度 … 36

　　习题 9-8　多元函数微分学的应用——极值与最值 …… 38

　　习题 9-P　程序实现 …………………………………… 41

　　总习题 9 …………………………………………………… 45

第 10 章　重积分 …………………………………………… **49**

　　习题 10-1　二重积分的概念与性质 …………………… 49

　　习题 10-2　直角坐标系下的二重积分 ………………… 52

　　习题 10-3　极坐标系下的二重积分 …………………… 56

　　习题 10-4　三重积分 …………………………………… 60

　　习题 10-5　重积分的应用 ……………………………… 63

　　习题 10-P　程序实现 …………………………………… 66

　　总习题 10 ………………………………………………… 68

第 11 章　曲线积分 ………………………………………… **71**

　　习题 11-1　对弧长的曲线积分 ………………………… 71

　　习题 11-2　对坐标的曲线积分 ………………………… 74

　　习题 11-3　Green 公式(a) ……………………………… 76

　　习题 11-4　Green 公式(b) ……………………………… 79

　　习题 11-P　程序实现 …………………………………… 83

　　总习题 11 ………………………………………………… 84

第 12 章　曲面积分

习题 12-1　对面积的曲面积分 …………………………… 88

习题 12-2　对坐标的曲面积分 …………………………… 89

习题 12-3　Gauss 公式和散度 …………………………… 91

习题 12-4　Stokes 公式和旋度 …………………………… 93

习题 12-P　程序实现 ……………………………………… 95

总习题 12 …………………………………………………… 96

第 13 章　无穷级数

习题 13-1　常数项级数的概念与性质 …………………… 98

习题 13-2　常数项级数的审敛法 ………………………… 101

习题 13-3　幂级数 ………………………………………… 107

习题 13-4　函数的幂级数展开 …………………………… 111

总习题 13 …………………………………………………… 113

第 14 章　微积分的应用

习题 14-1　极值的应用 …………………………………… 117

习题 14-2　微分方程的应用 ……………………………… 120

习题 14-3　微积分思想及其应用 ………………………… 122

习题 14-4　级数的应用 …………………………………… 123

总习题 14 …………………………………………………… 125

第8章 向量代数与空间解析几何

习题 8-1 空间直角坐标系和空间向量的线性运算

知识提要

1. 空间直角坐标系的要点.

(1) 3 个坐标轴（x 轴，y 轴，z 轴）相互垂直，按顺序满足右手法则；

(2) 3 个单位向量（沿各坐标轴的正向）：$\boldsymbol{i}=(1,0,0)$，$\boldsymbol{j}=(0,1,0)$，$\boldsymbol{k}=(0,0,1)$；

(3) 3 个坐标面（yOz 平面，zOx 平面，xOy 平面）分别垂直于 3 个坐标轴；

(4) 8 个卦限.

2. 向量的线性运算：
$$(x_1,y_1,z_1)+(x_2,y_2,z_2)=(x_1+x_2,y_1+y_2,z_1+z_2),$$
$$\lambda(x,y,z)=(\lambda x,\lambda y,\lambda z).$$

3. 向量的相关概念.

(1) 模（即长度）：$r=|(x,y,z)|=\sqrt{x^2+y^2+z^2}$；

(2) 单位向量：$\boldsymbol{a}°=\boldsymbol{a}/|\boldsymbol{a}|$；

(3) 方向角：向量与各坐标轴（x 轴，y 轴，z 轴）正向的夹角 α,β,γ；

(4) 方向余弦 $\cos\alpha,\cos\beta,\cos\gamma$：设 $\boldsymbol{a}=(x,y,z)$，$r=|\boldsymbol{a}|$，则

(a) $(\cos\alpha,\cos\beta,\cos\gamma)=\boldsymbol{a}°$；

(b) $\cos^2\alpha+\cos^2\beta+\cos^2\gamma=1$；

(c) $x=r\cos\alpha,y=r\cos\beta,z=r\cos\gamma$；

(5) 向量 $\boldsymbol{a}$ 在轴 u 上的投影：$\mathrm{Prj}_u\boldsymbol{a}=|\boldsymbol{a}|\cos\theta$，其中 θ 是向量 $\boldsymbol{a}$ 与 $\boldsymbol{u}$ 的夹角.

4. $(x_1,y_1,z_1)/\!/(x_2,y_2,z_2)\Leftrightarrow(x_1,y_1,z_1)=\lambda(x_2,y_2,z_2)$.

5. $|\lambda\boldsymbol{a}|=|\lambda||\boldsymbol{a}|$.

6. 空间两点 $(x_1,y_1,z_1),(x_2,y_2,z_2)$ 的距离
$$d=\sqrt{(x_2-x_1)^2+(y_2-y_1)^2+(z_2-z_1)^2}\,①.$$

基础题

1. 下列说法正确的是（　　）.

A. $\boldsymbol{i}+\boldsymbol{j}+\boldsymbol{k}$ 是单位向量

B. $-\boldsymbol{i}$ 是单位向量

C. $\boldsymbol{a}\times\boldsymbol{b}=|\boldsymbol{a}||\boldsymbol{b}|\sin(\boldsymbol{a},\boldsymbol{b})$

D. 与 x,y,z 三坐标轴的正向夹角相等的向量，其方向角一定为 $\dfrac{\pi}{3},\dfrac{\pi}{3},\dfrac{\pi}{3}$

---

① 此公式可推广到任意维数的直角坐标系. $n(\in\mathbf{Z}^+)$ 维直角坐标系中两点 $M_i(x_1^i,x_2^i,\cdots,x_n^i)(i=1,2)$ 的距离 $d=\sqrt{\sum\limits_{k=1}^{n}(x_k^2-x_k^1)^2}$.

2. 填空题.

(1) 点 $(2,-1,3)$ 在第_____卦限,它关于 yOz 平面的对称点为_____;

(2) 点 $(2,-1,-2)$ 到三坐标轴的距离分别为_____;

(3) 已知 $u=a-2b+c, v=-a+b-3c$, 则 $2u-3v=$ _____;

(4) 已知向量 $\overrightarrow{AB}=(2,4,1)$, 点 $A(1,0,2)$, 则 B 的坐标为_____;

(5) 设 $a=(x,3,2), b=(-1,y,4)$, 若 $a \parallel b$, 则 $x=$ _____, $y=$ _____;

(6) 平行于向量 $a=(6,7,-6)$ 的单位向量为_____;

(7) $a=(4,2,1)$ 在 $b=(2,1,2)$ 上的投影 $\text{Prj}_b a =$ _____.

3. 求点 $A(a,b,c)$ 关于各个坐标轴(x 轴,y 轴,z 轴)以及各个坐标面(yOz 平面,zOx 平面,xOy 平面)的对称点的坐标.

4. 已知向量 $a=(2,3,-4), b=(5,-1,1)$, 求 $c=3a-4b$ 及其在 x 轴上的投影和在 y 轴上的分向量.

5. 已知两点 $M_1(4,\sqrt{2},1), M_2(3,0,2)$. 计算向量 $\overrightarrow{M_1M_2}$ 的模、方向余弦和方向角,以及与它同向的单位向量.

提高题

6. 设点 $A(4,0,5), |\overrightarrow{AB}|=2\sqrt{14}$, 向量 $\overrightarrow{AB}$ 的方向余弦为 $\cos\alpha=\dfrac{3}{\sqrt{14}}, \cos\beta=\dfrac{1}{\sqrt{14}}, \cos\gamma=-\dfrac{2}{\sqrt{14}}$, 则点 B 坐标为( ).

A. $(10,2,1)$ B. $(-10,-2,-1)$

C. $(6,2,-4)$ D. $(-6,-2,4)$

7. 以点 $(1,-2,3)$ 为球心,且通过坐标原点的球面方程为_____.

8. 已知点 $A(2,3,1)$ 和 $B(4,5,3)$.

(1) 求 z 轴上与 A,B 距离相等的点的坐标;

(2) 求 xOy 平面上与 A,B 距离相等的点的轨迹方程,并指明其图形的形状;

(3) 求三维空间中与 A,B 距离相等的点的轨迹方程,并指明其图形的形状.

9. 在 yOz 平面上,求与 $A(3,1,2),B(4,-2,-2),C(0,5,1)$ 等距离的点的坐标.

综合题

10. 如果平面上一个四边形的对角线互相平分,试用向量证明它是平行四边形.

习题 8-2 空间向量的数量积和向量积

知识提要

1. 概念对比.

设 $\boldsymbol{a}=(x_1,y_1,z_1),\boldsymbol{b}=(x_2,y_2,z_2)$.

记号	结果	名 称			读法	计算公式
$\boldsymbol{a}\cdot\boldsymbol{b}$	实数	数量积	内积	点积	$\boldsymbol{a}$ 点乘 $\boldsymbol{b}$	$x_1x_2+y_1y_2+z_1z_2$
$\boldsymbol{a}\times\boldsymbol{b}$	向量	向量积	外积	叉积	$\boldsymbol{a}$ 叉乘 $\boldsymbol{b}$	$\begin{vmatrix} \boldsymbol{i} & \boldsymbol{j} & \boldsymbol{k} \\ x_1 & y_1 & z_1 \\ x_2 & y_2 & z_2 \end{vmatrix}$

2. 性质对比.

设 $\theta=(\boldsymbol{a},\boldsymbol{b})$.

数量积	$\boldsymbol{a}\cdot\boldsymbol{b}=\boldsymbol{b}\cdot\boldsymbol{a}$	$(\boldsymbol{a}+\boldsymbol{b})\cdot\boldsymbol{c}=\boldsymbol{a}\cdot\boldsymbol{c}+\boldsymbol{b}\cdot\boldsymbol{c}$	$\boldsymbol{a}\cdot\boldsymbol{a}=\|\boldsymbol{a}\|^2$
向量积	$\boldsymbol{a}\times\boldsymbol{b}=-\boldsymbol{b}\times\boldsymbol{a}$	$(\boldsymbol{a}+\boldsymbol{b})\times\boldsymbol{c}=\boldsymbol{a}\times\boldsymbol{c}+\boldsymbol{b}\times\boldsymbol{c}$	$\boldsymbol{a}\times\boldsymbol{a}=\boldsymbol{0}$
数量积	$\boldsymbol{a}\cdot\boldsymbol{b}=\|\boldsymbol{a}\|\|\boldsymbol{b}\|\cos\theta$	$(\lambda\boldsymbol{a})\cdot\boldsymbol{b}=\lambda(\boldsymbol{a}\cdot\boldsymbol{b})$	$\boldsymbol{a}\cdot\boldsymbol{b}=0\Leftrightarrow\boldsymbol{a}\perp\boldsymbol{b}$
向量积	$\|\boldsymbol{a}\times\boldsymbol{b}\|=\|\boldsymbol{a}\|\|\boldsymbol{b}\|\sin\theta$	$(\lambda\boldsymbol{a})\times\boldsymbol{b}=\lambda(\boldsymbol{a}\times\boldsymbol{b})$	$\boldsymbol{a}\times\boldsymbol{b}=\boldsymbol{0}\Leftrightarrow\boldsymbol{a}/\!/\boldsymbol{b}$

3. $\boldsymbol{a}$ 在 $\boldsymbol{b}$ 上的投影 $\text{Prj}_{\boldsymbol{b}}\boldsymbol{a}=\boldsymbol{a}\cdot\boldsymbol{b}/|\boldsymbol{b}|=\boldsymbol{a}\cdot\boldsymbol{b}^\circ$,可理解为 $\boldsymbol{a}$ 在 $\boldsymbol{b}$ 方向上(带符号)的有效长度.

4. 应用.

(1) 数量积:向量夹角余弦 $\cos\theta=\dfrac{\boldsymbol{a}\cdot\boldsymbol{b}}{|\boldsymbol{a}||\boldsymbol{b}|}$;

(2) 向量积:以 $\boldsymbol{a}$ 和 $\boldsymbol{b}$ 为边的三角形面积 $S=\dfrac{1}{2}|\boldsymbol{a}\times\boldsymbol{b}|$.

5. 意义对比.

运算	几何意义	物理意义举例
$\boldsymbol{a}\cdot\boldsymbol{b}$	在 $\boldsymbol{a}$ 或 $\boldsymbol{b}$ 方向上的有效长度的乘积	(常力沿固定方向)做功
$\boldsymbol{a}\times\boldsymbol{b}$	垂直于 $\boldsymbol{a}$ 和 $\boldsymbol{b}$ (张成的平面)的向量	(力对定点的)力矩

基础题

1. 选择题.

(1) 关于 $\boldsymbol{a}\cdot\boldsymbol{b}$,下列说法正确的是(　　　);

　　A. 它是平行于 $\boldsymbol{a}$ 但不平行于 $\boldsymbol{b}$ 的向量

　　B. 它是垂直于 $\boldsymbol{a}$ 但不垂直于 $\boldsymbol{b}$ 的向量

　　C. 它是垂直于 $\boldsymbol{a}$ 和 $\boldsymbol{b}$ 的向量

　　D. 它是标量

(2) 向量 $\boldsymbol{a}\times\boldsymbol{b}$ 与向量 $\boldsymbol{a}$ 的位置关系是(　　　).

　　A. 斜交　　B. 平行　　C. 垂直　　D. 以上都不对

2. 填空题.

(1) 设向量 $\boldsymbol{a}=2\boldsymbol{i}-\boldsymbol{j}+\boldsymbol{k},\boldsymbol{b}=4\boldsymbol{i}-2\boldsymbol{j}+\lambda\boldsymbol{k}$,则当 $\lambda=$ ＿＿＿＿＿ 时,$\boldsymbol{a}\perp\boldsymbol{b}$,当 $\lambda=$ ＿＿＿＿＿ 时,$\boldsymbol{a}/\!/\boldsymbol{b}$;

(2) $\boldsymbol{a}=(3,5,-2),\boldsymbol{b}=(2,-1,4)$,当 $\lambda=$ ＿＿＿＿＿ 时,$\lambda\boldsymbol{a}+\boldsymbol{b}$ 与 z 轴垂直;

(3) 设 $\boldsymbol{a}=3\boldsymbol{i}-\boldsymbol{j}-2\boldsymbol{k},\boldsymbol{b}=\boldsymbol{i}+2\boldsymbol{j}+3\boldsymbol{k}$,则 $\boldsymbol{a}\cdot\boldsymbol{b}=$ ＿＿＿＿＿,$\boldsymbol{a}\times 3\boldsymbol{b}=$ ＿＿＿＿＿,$\boldsymbol{a}$ 与 $\boldsymbol{b}$ 的夹角为 ＿＿＿＿＿.

提高题

3. 选择题.

(1) 下列等式成立的是(　　　);

　　A. $|\boldsymbol{a}|\cdot\boldsymbol{b}=\boldsymbol{a}\cdot\boldsymbol{b}$

B. $a \cdot (a \cdot b) = (a \cdot a) \cdot b$

C. $a \times b = b \times a$

D. 若 $a \cdot b = c \cdot a$,则 $a \perp (b-c)$

(2) 设 $|a|=1, |b|=\sqrt{2}, (a,b)=\dfrac{\pi}{4}$,则 $|a+b|=$ (   );

A. $\sqrt{5}$ B. $1+\sqrt{2}$ C. 1   D. 2

(3) 设三向量 a,b,c 满足关系式 $a+b+c=0$,则 $a \times b=$ (   ).

A. $c \times b$ B. $b \times c$ C. $a \times c$ D. $b \times a$

4. 填空题.

(1) 设 $m=2a+b, n=ka+b$,其中 $|a|=1, |b|=2$,且 $a \perp b$. 若 $m \perp n$,则 $k=$ _____ ;

(2) 已知 a,b,c 都是单位向量,且 $a+b+c=0$,则 $a \cdot b + b \cdot c + c \cdot a=$ _____ ;

(3) 设 $\overrightarrow{OA}=i+3k, \overrightarrow{OB}=j+3k$,则 $S_{\triangle OAB}=$ _____ .

5. 设向量 x 与 $a=(2,-1,2)$ 平行,且 $a \cdot x=-18$. 求 x.

6. 设 $a=-i+4j+k, b=2i-2j+k$. 试计算 $|a-b|^2, \mathrm{Prj}_b a$ 和 $a \times b$.

7. 求同时垂直于 y 轴和 $a=(3,6,-4)$ 的单位向量.

8. 已知 $a=(3,2,2), b=(2,-2,1)$,求:

(1) $a \cdot b, a \times b$;

(2) 以 a,b 为邻边的平行四边形面积;

(3) 向量 b 在 a 上的投影;

(4) 同时垂直于 a,b 的单位向量.

9. 已知 a,b 为两个非零不共线向量,求证:$(a-b)\times(a+b)=2(a\times b)$.

综合题

10. 设 $a=(2,-3,1),b=(1,-2,3),c=(2,1,2)$.向量 r 与 a,b 都垂直且 $\mathrm{Prj}_c r=14$. 试求 r.

11. 设 $|a|=4,|b|=3$,a 与 b 的夹角为 $\dfrac{\pi}{6}$. 求以 $a+2b$ 和 $a-3b$ 为边的三角形面积.

思考题

12. 设 a,b 均为非零向量,且 $a\perp b$,则必有( ).
    A. $|a+b|=|a|+|b|$
    B. $|a-b|=|a|-|b|$
    C. $|a+b|=|a-b|$
    D. $a+b=a-b$

13. 设 $a=(4,-3,2)$,b 与三个坐标轴的夹角相等且为锐角. 试求 $\mathrm{Prj}_b a$.

14. 设 a,b,c 为单位向量,且 $a+b+c=0$,求 $a\cdot b+b\cdot c+2c\cdot a$.

15. 已知向量 a 和 b 的交角为 $\dfrac{\pi}{4}$,$|a|=3$,$|b|=4$,求 $|(3a-b)\times(a-2b)|$.

习题 8-3　空间平面

知识提要

1. 平面方程.

(1) 点法式：$\mathbf{n} \cdot \overrightarrow{P_0P} = 0 \Rightarrow A(x-x_0)+B(y-y_0)+C(z-z_0)=0$（平面上以 $P_0(x_0,y_0,z_0)$ 为起点的任意向量与法向量 $\mathbf{n}=(A,B,C)$ 垂直）；

(2) 一般式：$Ax+By+Cz+D=0$；

(3) 截距式：$\dfrac{x}{a}+\dfrac{y}{b}+\dfrac{z}{c}=1$，其中 a,b,c 分别为平面在 x,y,z 轴上的截距.

2. 两平面 $A_1x+B_1y+C_1z+D_1=0$ 与 $A_2x+B_2y+C_2z+D_2=0$ 的关系，设 $\mathbf{n}_1=(A_1,B_1,C_1),\mathbf{n}_2=(A_2,B_2,C_2)$.

(1) 夹角余弦：$\cos\varphi=\dfrac{|\mathbf{n}_1\cdot\mathbf{n}_2|}{|\mathbf{n}_1||\mathbf{n}_2|}$；

(2) 平行 $\Leftrightarrow \mathbf{n}_1\times\mathbf{n}_2=\mathbf{0} \Leftrightarrow \mathbf{n}_1=\lambda\mathbf{n}_2 \Leftrightarrow (A_1,B_1,C_1)=\lambda(A_2,B_2,C_2)$；

(3) 垂直 $\Leftrightarrow \mathbf{n}_1\cdot\mathbf{n}_2=0 \Leftrightarrow A_1A_2+B_1B_2+C_1C_2=0$.

3. 点 $P_0(x_0,y_0,z_0)$ 到平面 $Ax+By+Cz+D=0$ 的距离

$$d=\dfrac{|Ax_0+By_0+Cz_0+D|}{\sqrt{A^2+B^2+C^2}}.$$

基础题

1. 选择题.

(1) 平面 $2y-3z=0$（　　）；

　A. 平行于 x 轴　　　　B. 经过 x 轴

　C. 平行于 y 轴　　　　D. 经过 y 轴

(2) 点 $(1,2,1)$ 到平面 $x+2y+2z-1=0$ 的距离为（　　）；

　A. 4　　　B. 3　　　C. 2　　　D. 1

(3) 两平面 $x+y-z+1=0$ 与 $x-y=0$ 的夹角为（　　）.

　A. $\dfrac{\pi}{2}$　　B. $\dfrac{3\pi}{2}$　　C. $\dfrac{\pi}{4}$　　D. $\dfrac{\pi}{3}$

2. 填空题.

(1) 设平面 Π 的方程为 $Ax+By+Cz+D=0$，

(a) 当_____时，Π 平行于 y 轴；

(b) 当_____时，Π 过 z 轴；

(c) 当_____时，Π 过原点；

(2) 过点 $M(2,9,-6)$ 且与向量 $\overrightarrow{OM}$ 垂直的平面方程为_____；

(3) 平行于 zOx 平面且经过点 $M(2,-5,3)$ 的平面为_____.

提高题

3. 过三点 $(1,1,-1),(-2,-2,2),(1,-1,2)$ 的平面方程为_____.

4. 某平面过点$(1,0,-1)$且平行于向量$\boldsymbol{a}=(2,1,1)$和$\boldsymbol{b}=(1,-1,0)$. 试求此平面的方程.

5. 求通过z轴和点$(-3,1,2)$的平面方程.

6. 求过点$(5,-7,4)$且在三个坐标轴上的截距相等的平面方程.

7. 求过点$(1,-1,1)$且与两平面$x-y+z-1=0$及$2x+y+z+2=0$垂直的平面方程.

综合题

8. 某平面通过z轴且与平面$2x+y-\sqrt{5}=0$的夹角为$\dfrac{\pi}{4}$,试求它的方程.

习题 8-4 空间直线

知识提要

1. 直线方程.

(1) 点向式(对称式):

(a) $s /\!/ \overrightarrow{P_0P} \Leftrightarrow \dfrac{x-x_0}{m} = \dfrac{y-y_0}{n} = \dfrac{z-z_0}{p}$;

(b) 理解: 直线上以 $P_0(x_0, y_0, z_0)$ 为起点的任意向量与方向向量 $s=(m,n,p)$ 平行;

(2) 参数式: $\begin{cases} x = x_0 + mt, \\ y = y_0 + nt, \\ z = z_0 + pt; \end{cases}$

(3) 一般式:

(a) $\begin{cases} A_1x + B_1y + C_1z + D_1 = 0, \\ A_2x + B_2y + C_2z + D_2 = 0; \end{cases}$

(b) 理解: 将直线视为两平面的交线;

(c) 方向向量 $s = n_1 \times n_2 = \begin{vmatrix} i & j & k \\ A_1 & B_1 & C_1 \\ A_2 & B_2 & C_2 \end{vmatrix}$.

2. 两直线(方向向量分别为 s_1, s_2)的夹角余弦: $\cos\varphi = \dfrac{|s_1 \cdot s_2|}{|s_1||s_2|}$.

3. 直线(方向向量为 s)与平面(法向量为 n)的关系.

(1) 夹角正弦: $\sin\varphi = \dfrac{|s \cdot n|}{|s||n|}$;

(2) 平行 $\Leftrightarrow s \perp n \Leftrightarrow s \cdot n = 0$;

(3) 垂直 $\Leftrightarrow s /\!/ n \Leftrightarrow s = \lambda n$.

基础题

1. 填空题.

(1) 直线 $\dfrac{x-1}{1} = \dfrac{y-2}{0} = \dfrac{z-3}{-1}$ 的参数方程为_____;

(2) 直线 $\begin{cases} x = 2t - 2, \\ y = t + 1, \\ z = t \end{cases}$ 的对称式方程为_____;

(3) 经过点 $(4,-1,3)$ 且平行于直线 $\dfrac{x-3}{2} = \dfrac{y}{1} = \dfrac{z-1}{5}$ 的直线方程为_____;

(4) 经过点 $(2,3,-5)$ 且垂直于平面 $9x-4y+3z-1=0$ 直线方程为_____;

(5) 直线 $\dfrac{x-1}{2} = \dfrac{y+4}{-2} = \dfrac{z-1}{4}$ 与 $\dfrac{x-2}{2} = \dfrac{y+2}{1} = \dfrac{z+1}{1}$ 的夹角为_____.

提高题

2. 填空题.

(1) 过点 $(4,-1,3)$ 和 $(-1,0,2)$ 的直线方程为_____;

(2) 当 $\lambda = $_____时,直线 $2x = 3y = z-1$ 平行于平面 $4x + \lambda y + z = 0$;

(3) 直线 $\begin{cases} x-y+z=1, \\ 2x+y+z=4 \end{cases}$ 的方向向量为 _____，对称式方程为 _____，参数式方程为 _____．

3．选择题．

(1) 直线 $x-1=y=z+1$ 与直线 $x=-(y-1)=\dfrac{z+1}{0}$ 的位置关系为（　　）；

  A．垂直　　 B．平行　　 C．重合　　 D．异面

(2) 直线 $\dfrac{x+3}{-2}=\dfrac{y+4}{-7}=\dfrac{z}{3}$ 和平面 $4x-2y-2z+4=0$ 的位置关系为（　　）；

  A．垂直　　 B．平行

  C．相交但不垂直　 D．直线在平面上

(3) 直线 $\dfrac{x}{-3}=\dfrac{y}{1}=\dfrac{z}{0}$ 过原点且（　　）；

  A．垂直于 x 轴　 B．垂直于 y 轴

  C．垂直于 z 轴　 D．以上都不对

(4) 下列方程是直线 $\begin{cases} 2x-y+z-9=0, \\ 3x-6y+z-27=0 \end{cases}$ 的对称式方程的是（　　）．

  A．$\dfrac{x+2}{5}=\dfrac{y+2}{1}=\dfrac{z-9}{-9}$　 B．$\dfrac{x-3}{5}=\dfrac{y+3}{1}=\dfrac{z}{-9}$

  C．$\dfrac{x+2}{5}=\dfrac{y+2}{-1}=\dfrac{z-9}{-9}$　 D．$\dfrac{x-3}{5}=\dfrac{y+3}{-1}=\dfrac{z}{-9}$

4．求过点 $(1,-2,1)$ 且垂直于直线 $\begin{cases} x+y-z+2=0, \\ x-2y+z-3=0 \end{cases}$ 的平面方程．

5．求过点 $(0,2,4)$ 且与两平面 $x+2z=1$ 和 $y-3z=2$ 平行的直线方程．

6．求直线 $\begin{cases} x+y+3z=0, \\ x-y-z=0 \end{cases}$ 与平面 $x-y-z+1=0$ 的夹角．

7. 求点 $(-1,2,0)$ 在平面 $x+2y-z=0$ 上的投影.

综合题

8. 求过原点及直线 $\dfrac{x-3}{1}=\dfrac{y-1}{-2}=\dfrac{z-2}{-1}$ 的平面方程.

9. 求过点 $(-1,0,4)$ 且与直线 $\begin{cases} x+2y-z=1, \\ x+2y+2z=4 \end{cases}$ 垂直,又与平面 $3x-4y+z-10=0$ 平行的直线方程.

思考题

10. 求点 $(3,-1,2)$ 到直线 $\begin{cases} x+y-z+1=0, \\ 2x-y+z-4=0 \end{cases}$ 的距离.

11. 求直线 $\begin{cases} 2x-4y+z=0, \\ 3x-y-2z-9=0 \end{cases}$ 在平面 $4x-y+z=1$ 上的投影直线的方程.

12. 总结以下几个问题的求解方法.

(1) 已知直线 L 为两平面 π_1,π_2 的交线(或平行于两平面的某条直线),求过某点 M 和 L 的平面方程;

(2) 求某点 M 在某平面 π_1 上的投影；

(3) 求过某点 M 及某直线 L 的平面方程；

(4) 求某点 M 到某直线 L 的距离；

(5) 求某点 M 在某直线 L 上的投影；

(6) 求过某点 M，且平行于某平面 π_1，又与直线 L 相交的直线方程.

习题 8-5 空间曲面

知识提要

1. 空间曲面的一般方程：$F(x,y,z)=0$[①].

2. 旋转曲面. 以 yOz 平面上的曲线 $f(y,z)=0$ 绕坐标轴旋转为例：

（1）绕 y 轴旋转：$f(y,\pm\sqrt{z^2+x^2})=0$；

（2）绕 z 轴旋转：$f(\pm\sqrt{x^2+y^2},z)=0$.

3. 二次曲面方程：$Ax^2+By^2+Cz^2+Dxy+Eyz+Fzx+Gx+Hy+Iz+J=0$.

4. 常见二次曲面.

类型	方 程	名 称	yOz 上的原型	旋转轴[②]
（变形）旋转型	$\dfrac{x^2}{a^2}+\dfrac{y^2}{b^2}=1$	椭圆柱面	$y=b$	z
	$\dfrac{x^2}{a^2}+\dfrac{y^2}{b^2}+\dfrac{z^2}{c^2}=1$	椭球面	$\dfrac{y^2}{b^2}+\dfrac{z^2}{c^2}=1$	y,z
	$\dfrac{x^2}{a^2}+\dfrac{y^2}{b^2}=z^2$	椭圆锥面	$y=bz$	z
	$\dfrac{x^2}{a^2}+\dfrac{y^2}{b^2}=z$	椭圆抛物面	$\dfrac{y^2}{b^2}=z$	z
	$\dfrac{x^2}{a^2}+\dfrac{y^2}{b^2}-\dfrac{z^2}{c^2}=1$	单叶双曲面	$\dfrac{y^2}{b^2}-\dfrac{z^2}{c^2}=1$	z
	$-\dfrac{x^2}{a^2}-\dfrac{y^2}{b^2}-\dfrac{z^2}{c^2}=1$	双叶双曲面		y
非旋转型	$y^2=2x$	抛物柱面		
	$\dfrac{x^2}{a^2}-\dfrac{y^2}{b^2}=z$	双曲抛物面		

基础题

1. 填空题.

（1）xOy 平面上的圆 $(x-2)^2+y^2=1$ 绕 x 轴旋转而成的旋转曲面方程为_____；

（2）旋转曲面 $\dfrac{x^2}{4}+\dfrac{y^2}{9}+\dfrac{z^2}{9}=1$ 是绕____轴旋转而成的；

（3）指出下列方程在平面解析几何中和空间解析几何中分别表示什么图形.

方 程	平面解析几何	空间解析几何
$x=2$		
$x^2+y^2=4$		
$x^2-y^2=4$		
$y=x^2$		

---

① 其中有 3 个变量、2 个自由度（自变量）、1 个因变量.

② 变形旋转意为旋转过程中各方向的半径不同. 以椭圆柱面为例：$y=b\xrightarrow{\text{绕}z\text{旋转}}x^2+y^2=b^2\xrightarrow{\text{变形}}\dfrac{x^2}{a^2}+\dfrac{y^2}{b^2}=1$，当旋转半径一致时，即为旋转曲面.

2. 写出 yOz 平面上的双曲线 $\dfrac{z^2}{4}-\dfrac{y^2}{9}=1$ 分别绕 y 轴和 z 轴旋转而成的旋转曲面方程.

3. 求与坐标原点及点 $(3,3,6)$ 的距离之比为 $1:2$ 的点的轨迹方程,它表示什么曲面?

提高题

4. 比较并分析下列方程:若为旋转曲面,写明该曲面可由何坐标面上的何曲线绕何坐标轴旋转而成;画出这些方程所表示的曲面.

(1) $x^2+y^2+z^2=4$;

(2) $\dfrac{x^2}{4}+y^2+z^2=1$;

(3) $x^2+y^2-z^2=4$;

(4) $x^2-y^2+z^2=4$;

(5) $x^2-y^2-z^2=4$.

思考题

5. 画出方程 $4x^2+y^2-z^2=4$ 所表示的曲面.

习题 8-6 空间曲线

知识提要

1. 空间曲线方程.

(1) 一般方程: $\begin{cases} F(x,y,z)=0, \\ G(x,y,z)=0, \end{cases}$ 视为两个空间曲面的交线;

(2) 参数方程: $\begin{cases} x=x(t), \\ y=y(t), \\ z=z(t). \end{cases}$ [①]

2. 空间曲线在坐标面上的投影的求解步骤. 以在 xOy 平面上的投影为例:

(1) 在一般式方程中消去 z, 得到投影柱面方程 $H(x,y)=0$;

(2) 投影柱面与 xOy 面的交线即为投影曲线: $\begin{cases} H(x,y)=0, \\ z=0. \end{cases}$

基础题

1. 指出下列方程在平面解析几何中和空间解析几何中分别表示什么图形.

方　　程	平面解析几何	空间解析几何
$\begin{cases} y=5x+1, \\ y=2x-3 \end{cases}$		
$\begin{cases} \dfrac{x^2}{4}+\dfrac{y^2}{9}=1, \\ y=3 \end{cases}$		

2. 求空间曲线 $\begin{cases} 6x-6y-z+16=0, \\ 2x+5y+2z+3=0 \end{cases}$ 在各坐标面(yOz 平面、zOx 平面、xOy 平面)上的投影方程.

提高题

3. 分别求母线平行于 x 轴及 y 轴并且通过曲线 $\begin{cases} 2x^2+y^2+z^2=16, \\ x^2-y^2+z^2=0 \end{cases}$ 的柱面方程.

4. 求通过曲面 $x^2+y^2+4z^2=1$ 与 $x^2=y^2+z^2$ 的交线,且母线平行于 z 轴的柱面方程.

---

① 理解:无论几维空间中的曲线,自由度均为 1,即自变量为 1 个,故将各变量表达为该自变量的函数形式即可.

综合题

5. 求旋转抛物面 $z=x^2+y^2$ ($0\leqslant z\leqslant 4$) 在各坐标面（yOz 平面、zOx 平面、xOy 平面）上的投影方程.

6. 求由曲面 $3x^2+y^2=z$ 与 $z=1-y^2$ 所围成的立体在 xOy 平面上的投影区域.

思考题

7. 曲面 $x^2+y^2+z^2=1$ 与 $x^2+y^2=2z$ 的交线是（   ）.
   A. 抛物线   B. 双曲线   C. 圆周   D. 椭圆

8. 求上半球 $0\leqslant z\leqslant\sqrt{a^2-x^2-y^2}$ 与圆柱体 $x^2+y^2\leqslant ax$ ($a>0$) 的公共部分在各坐标面（yOz 平面、zOx 平面、xOy 平面）上的投影方程.

习题 8-P　程序实现

知识提要

1. dot：数量积，线性代数中的向量乘法.
2. cross：向量积.
3. plot3：绘制三维曲线.
4. mesh,surf：绘制三维曲面.
5. contour3,contour：绘制三维曲面的等值线.
6. quiver：绘制矢量图.
7. 其他：meshgrid,axis equal,view,subplot.

示例及练习

1. 下列两个 MATLAB 程序段均可求向量 $a=(1,2,3)$ 和 $b=(4,5,6)$ 的数量积 $a \cdot b$.[①]

a = [1,2,3];
b = [4,5,6];
dot(a,b)
	a = [1,2,3];
	b = [4,5,6];
	a * b' % 两个向量的数量积可表示为线性代数中行向量乘以列向量

试用上述两种不同方法求 $(1,2,2) \cdot (5,1,3)$，并求 $(1,2,2)$ 的模.

2. 下列 MATLAB 程序段可用于求向量 $a=(1,2,3)$ 和 $b=(4,5,6)$ 的向量积 $a \times b$.

```
a = [1,2,3]; b = [4,5,6];
cross(a,b)
```

试编程求 $(1,2,2) \times (5,1,3)$.

3. 混合积定义为 $(a,b,c)=(a \times b) \cdot c$. 试编程求 $((1,2,2),(5,1,3),(3,1,1))$.

4. 下列 MATLAB 程序段可用于绘制三维曲线：$x=t\cos t$，$y=t\sin t, z=t$ ($t \in [-10\pi, 10\pi]$) 的图像.

```
t = linspace( -10 * pi,10 * pi,1001);
x = t. * cos(t); y = t. * sin(t); z = t;
plot3(x,y,z);
axis equal;           % 各坐标轴的单位长度相同,以免图像变形
```

试编程绘制 $\begin{cases} x=\sqrt{9-t^2}\cos 2\pi t, \\ y=\sqrt{9-t^2}\sin 2\pi t, \\ z=t \end{cases}$ ($t \in [-3,3]$) 的图像，并用语句 view(270,90) 沿 z 方向观察图像.

5. 下列 MATLAB 程序段可用于绘制三维曲面 $z=\sin x \cos y$ ($x, y \in [-\pi, \pi]$) 的图像.

```
x = -pi: pi/10: pi; y = x;
[X,Y] = meshgrid(x,y);      % meshgrid 用于将两个坐标向量 x,y 张
                              成网格点阵
Z = sin(X). * cos(Y);
mesh(X,Y,Z)                 % 可与用 surf(X,Y,Z)作的图像比较
```

[①] 下册的程序省略了 clear; clc; close all; fclose all; 等语句，请读者自行根据实际情况添加.

试编程绘制 $z=xe^{-x^2-y^2}$ $(x,y\in[-2,2])$ 的图像.

6. 下列 MATLAB 程序段可用于绘制三维曲面 $z=\sin x\cos y$ $(x,y\in[-\pi,\pi])$ 的等值线图及其在 xOy 平面的投影.

```
x = -pi: pi/10: pi; y = x;
[X,Y] = meshgrid(x,y);
Z = sin(X).*cos(Y);
n = 10; % 等值线条数
subplot(1,2,1); contour3(X,Y,Z,n);
subplot(1,2,2); contour(X,Y,Z,n);
```

试编程绘制 $z=xe^{-x^2-y^2}$ $(x,y\in[-2,2])$ 的等值线(20 条)图及其在 xOy 平面的投影.

7. 下列 MATLAB 程序段可用于绘制二维随机向量的矢量图.

```
N = 40;
x = 1: N; y = x; [X,Y] = meshgrid(x,y);
Zx = rand(N)*2-1; Zy = rand(N)*2-1;
quiver(X,Y,Zx,Zy,0.5); % 第 5 个参数表示矢量的长度比例
```

试编程绘制 $y=\sin x$ $(x\in[-\pi,\pi])$ 的图形及其在 $x_k=\dfrac{k\pi}{5}$ $(k=-5,-4,\cdots,5)$ 处的切向量图(提示:切向量可用 $(1,y')$).

总习题 8

1. 选择题.

(1) 已知 $a=(3,-1,-2)$, $b=(1,2,-1)$, 则 $a \cdot b$ 与 $a \times b$ 分别为( );

   A. $3,(2,-3,-1)$ B. $3,(5,1,7)$

   C. $-3,(2,-3,-1)$ D. $-3,(5,1,7)$

(2) 已知 $a=(1,-1,-2)$, $b=(3,0,4)$, 则 $\mathrm{Prj}_b a=$( );

   A. -1 B. 1

   C. $-\dfrac{5}{\sqrt{6}}$ D. $\dfrac{5}{\sqrt{6}}$

(3) 下列等式成立的是( );

   A. $|a|a=a \cdot a$

   B. $a(a \cdot b)=(a \cdot a)b$

   C. $(a \cdot b)^2=a^2 b^2$

   D. $|a \times b|^2+(a \cdot b)^2=|a|^2|b|^2$

(4) 直线 $\dfrac{x-1}{1}=\dfrac{y-5}{-2}=\dfrac{z+8}{1}$ 与直线 $\begin{cases} x-y=6, \\ 2y+z=3 \end{cases}$ 的夹角为( );

   A. $\dfrac{\pi}{6}$ B. $\dfrac{\pi}{4}$

   C. $\dfrac{\pi}{3}$ D. $\dfrac{\pi}{2}$

(5) 直线 $\begin{cases} A_1 x+B_1 y+C_1 z+D_1=0, \\ B_2 y+D_2=0 \end{cases}$ (其中 $A_1,B_1,C_1,D_1,B_2,D_2 \neq 0$)( );

   A. 过原点   B. 平行于 x 轴

   C. 垂直于 y 轴   D. 平行于 z 轴

(6) 方程 $\begin{cases} x^2+4y^2+9z^2=36, \\ y=1 \end{cases}$ 表示( ).

   A. 椭球面

   B. $y=1$ 平面上的椭圆

   C. 椭圆柱面

   D. 椭圆柱面在 $y=1$ 上的投影曲线

2. 填空题.

(1) 点 $(1,2,-3)$ 关于 yOz 平面的对称点为_____;

(2) 已知三点 $A(1,3,-2)$, $B(-2,1,3)$, $C(3,2,-4)$, 则 $\overrightarrow{AB} \cdot \overrightarrow{CA}=$_____;

(3) 设 $a=(4,-1,2)$, $b=(1,k,1-k)$, 若 $a \perp b$, 则 $k=$_____;

(4) 同时垂直于 $a=(2,1,1)$ 和 $b=(0,1,1)$ 的单位向量为_____;

(5) 已知 $A(1,2,3)$, $B(3,-2,1)$, 则 $\overrightarrow{AB}$ 与 y 轴正向的夹角为_____;

(6) 已知直线 $\dfrac{x-3}{3}=\dfrac{y-2}{2}=\dfrac{z-1}{1}$ 与平面 $x-4y+kz=0$ 平行, 则 $k=$_____;

(7) 点 $(1,0,-1)$ 到平面 $3x+4y+5z=10$ 的距离为_____；

(8) 过点 $(3,0,-1)$ 且与平面 $3x-7y+5z-12=0$ 平行的平面方程为_____；

(9) 过点 $M(2,0,3)$ 且垂直于直线 $\begin{cases} x-2y+4z-7=0, \\ 3x+5y-2z+1=0 \end{cases}$ 的平面方程为_____.

3. 计算题.

(1) 设向量 $\boldsymbol{a}=(2,-3,1)$，$\boldsymbol{b}=(1,-2,3)$，$\boldsymbol{c}=(2,1,2)$，向量 $\boldsymbol{r}$ 满足 $\boldsymbol{r}\perp\boldsymbol{a}$，$\boldsymbol{r}\perp\boldsymbol{b}$，且 $\mathrm{Prj}_{\boldsymbol{c}}\boldsymbol{r}=14$，求向量 $\boldsymbol{r}$；

(2) 已知 $|\boldsymbol{a}|=4$，$|\boldsymbol{b}|=3$，向量 $\boldsymbol{a},\boldsymbol{b}$ 的夹角为 $\dfrac{\pi}{6}$，求以向量 $\boldsymbol{a}+2\boldsymbol{b}$ 与 $\boldsymbol{a}-3\boldsymbol{b}$ 为边的平行四边形的面积；

(3) 求过点 $P(1,0,-1),Q(-2,1,3)$，且与向量 $\boldsymbol{a}=(2,-1,-1)$ 平行的平面方程；

(4) 求过点 $(3,1,-2)$ 且过直线 $\dfrac{x-4}{5}=\dfrac{y+3}{2}=\dfrac{z}{1}$ 的平面方程；

(5) 求过直线 $\dfrac{x+1}{-2}=\dfrac{y-2}{3}=\dfrac{z}{1}$ 且与直线 $\dfrac{x-3}{4}=\dfrac{y-2}{-1}=\dfrac{z-1}{2}$ 平行的平面方程；

(6) 求直线 $\begin{cases} 3x+z-2=0, \\ 2x+y-1=0 \end{cases}$ 在平面 $x+2y+z=0$ 上的投影直线方程；

(7) 求过点 $(-1,0,4)$，且平行于平面 $3x-4y+z-10=0$，又与直线 $\dfrac{x+1}{1}=\dfrac{y-3}{1}=\dfrac{z}{2}$ 相交的直线方程；

(8) 求点 $M(2,3,1)$ 在平面 $\pi: x+2y-z=19$ 上的投影；

(9) 求点 $P(1,-2,3)$ 关于平面 $\pi: x+4y+z-14=0$ 的对称点；

(10) 设某平面垂直于平面 $z=0$，并通过从点 $(1,-1,1)$ 到直线 $\begin{cases} y-z+1=0, \\ x=0 \end{cases}$ 的垂线，求此平面的方程；

(11) 已知直线 $L: \dfrac{x-7}{5}=\dfrac{y-4}{1}=\dfrac{z-5}{4}$ 与平面 $\pi: 3x-y+2z-5=0$ 的交点为 M，在平面 π 上求一条过点 M 且和直线 L 垂直的直线方程；

(12) 求曲线 $\begin{cases} z=2-x^2-y^2, \\ z=(x-1)^2+(y-1)^2 \end{cases}$ 在各坐标面（yOz 平面、zOx 平面、xOy 平面）上的投影方程.

第 9 章 多元函数微分学

习题 9-1 多元函数的基本概念

知识提要

1. 多元函数：具有多个独立自变量，一个因变量的函数，一般形式为
$$y = f(x_1, x_2, \cdots, x_n), \quad (x_1, x_2, \cdots, x_n) \in \Omega \subset \mathbf{R}^n;$$
二元函数常记为
$$z = f(x, y), \quad (x, y) \in D \subset \mathbf{R}^2.$$

2. 多元函数的极限.

(1) 定义：若当 $P \to P_0$ 时有 $f(P) \to A$，则称 A 为 $f(P)$ 当 $P \to P_0$ 时的极限，记作
$$\lim_{P \to P_0} f(P) = A;$$

(2) 注意：

(a) 一元函数 $y = f(x)$ 的极限是否存在只需考虑一个维度（x）、两个方向（$x \to x_0^-$ 和 $x \to x_0^+$）；

(b) 多元函数，以二元函数 $z = f(x, y)$ 为例，需考虑两个维度（x, y），无穷多个方向（如以 $y = kx$ 的方式趋于 $(0, 0)$ 时，可取任意的 k），并需考虑无穷多种方式（如以 $y = kx^\mu$ 的方式趋于 $(0, 0)$ 时，可取任意的 $\mu > 0$）；

(3) 求法之一：将函数的自变量部分视为整体，利用一元函数的极限求法，如等价无穷小、有理化等.

3. 连续函数.

(1) 定义：若 $\lim_{P \to P_0} f(P) = f(P_0)$，则 $f(P)$ 在 $P = P_0$ 处连续；

(2) 由定义可知：多元函数在连续点处的极限等于函数值；

(3) 闭区域上的连续函数性质[①]：有界，可取到最值，可取到任意中间值（即介值）.

基础题

1. 选择题.

(1) 设 $z_1 = (\sqrt{x-y})^2$，$z_2 = x - y$，$z_3 = \sqrt{(x-y)^2}$，则（　　）；

A. z_1 与 z_2 是相同函数

B. z_1 与 z_3 是相同函数

C. z_2 与 z_3 是相同函数

D. 其中任何两个都不是相同函数

(2) $\lim\limits_{(x,y) \to (0,0)} \dfrac{\sin xy}{x} = ($　　$)$；

A. 不存在　　B. 1　　C. 0　　D. ∞

(3) $\lim\limits_{(x,y) \to (1,0)} \dfrac{\ln(e^y + x)}{\sqrt{x^2 + y^2}} = ($　　$)$.

A. 0　　B. 1　　C. $\ln 2$　　D. 不存在

---

① 与闭区间上的一元连续函数性质相似.

2. 函数 $z=\dfrac{1}{\sqrt{x+y}}+\dfrac{1}{\sqrt{x-y}}$ 的定义域为_____.

3. 求二元函数 $z=\arcsin(2x)+\dfrac{\sqrt{4x-y^2}}{\ln(1-x^2-y^2)}$ 的定义域.

4. 函数 $z=\dfrac{y^2+2x}{y^2-2x}$ 在何处间断?

5. 设 $f(x,y)=\sqrt{x^4+y^4}-2xy$, 求证 $f(tx,ty)=t^2 f(x,y)$.

提高题

6. 设 $f(x,y)=\ln(x-\sqrt{x^2-y^2})$, 其中 $x>y>0$, 则 $f(x+y,x-y)=(\ \ )$.

    A. $2\ln(\sqrt{x}-\sqrt{y})$ B. $\ln(x-y)$

    C. $\dfrac{1}{2}\ln(x-y)$ D. $2\ln(x-y)$

7. 设 $f\left(x+y,\dfrac{y}{x}\right)=x^2-y^2$, 则 $f(x,y)=$_____.

综合题

8. 用两种方法计算 $\lim\limits_{(x,y)\to(0,0)}\dfrac{3xy}{\sqrt{xy+1}-1}$.

思考题

9. 设函数 $f(x,y)=\begin{cases}\dfrac{xy^2}{x^2+y^4}, & (x,y)\neq(0,0),\\ 0, & (x,y)=(0,0),\end{cases}$ 则( ).

    A. $\lim\limits_{(x,y)\to(0,0)} f(x,y)$ 存在, 但 $f(x,y)$ 在 $(0,0)$ 处不连续

    B. $\lim\limits_{(x,y)\to(0,0)} f(x,y)$ 存在, 且 $f(x,y)$ 在 $(0,0)$ 处连续

    C. $\lim\limits_{(x,y)\to(0,0)} f(x,y)$ 不存在, 故 $f(x,y)$ 在 $(0,0)$ 处不连续

    D. $\lim\limits_{(x,y)\to(0,0)} f(x,y)$ 不存在, 但 $f(x,y)$ 在 $(0,0)$ 处连续

习题 9-2 偏导数

知识提要

1. 定义：函数 $z=f(x,y)$ 在 x 方向的偏导数为

$$\left.\frac{\partial z}{\partial x}\right|_{(x_0,y_0)} = f'_x(x_0,y_0) = \lim_{x\to x_0}\frac{f(x,y_0)-f(x_0,y_0)}{x-x_0}$$

$$= \lim_{\Delta x\to 0}\frac{f(x_0+\Delta x,y_0)-f(x_0,y_0)}{\Delta x}.$$

2. 几何意义：$\left.\dfrac{\partial z}{\partial x}\right|_{(x_0,y_0)}$ 表示 $z=f(x,y)$ 在 (x_0,y_0) 处沿 x 正向的变化率，即平行于 zOx 平面的切线斜率.

3. 基本求法：求 $\dfrac{\partial z}{\partial x}$ 时，将 z 的（除 x 外的）其他自变量视为常数，再关于 x 求导.

基础题

1. 设 $z=f(x,y)$，则 $\left.\dfrac{\partial z}{\partial x}\right|_{(x_0,y_0)} = ($ $)$.

   A. $\lim\limits_{\Delta x\to 0}\dfrac{f(x_0+\Delta x,y_0+\Delta y)-f(x_0,y_0)}{\Delta x}$

   B. $\lim\limits_{\Delta x\to 0}\dfrac{f(x_0+\Delta x,y_0)-f(x_0,y_0)}{\Delta x}$

   C. $\lim\limits_{\Delta x\to 0}\dfrac{f(x_0+\Delta x,y)-f(x_0,y_0)}{\Delta x}$

   D. $\lim\limits_{\Delta x\to 0}\dfrac{f(x_0+\Delta x,y_0)-f(x_0,y)}{\Delta x}$

2. 设函数 $u=x^{\alpha}y^{\beta}$，求 $\dfrac{\partial u}{\partial x},\dfrac{\partial u}{\partial y},\dfrac{\partial^2 u}{\partial x^2},\dfrac{\partial^2 u}{\partial x\partial y},\dfrac{\partial^2 u}{\partial y^2}$.

3. 设 $u=xy^2+yz^2+x^2z^3$，求 $\dfrac{\partial^2 u}{\partial x\partial y},\dfrac{\partial^2 u}{\partial y\partial z}$.

提高题

4. 函数 $u=\ln(1+x^2+y^2+z^2)$，则 $u'_x(1,1,1)+u'_y(1,1,1)+u'_z(1,1,1)=($ $)$.

   A. $\dfrac{1}{2}$ B. 1 C. $\dfrac{3}{2}$ D. $-\dfrac{1}{2}$

5. 函数 $z=\sin\dfrac{x}{y}\cos\dfrac{y}{x}$，则 $\left.\dfrac{\partial z}{\partial y}\right|_{(2,\pi)}=($ $)$.

   A. $-\dfrac{1}{2}\sin\dfrac{2}{\pi}$ B. $\dfrac{1}{2}\sin\dfrac{2}{\pi}$

   C. $\dfrac{1}{2}\cos\dfrac{2}{\pi}$ D. $-\dfrac{1}{2}\cos\dfrac{2}{\pi}$

6. 若 $f(x,y,z)=\ln(xy+z)$，则 $f'_x(1,2,0)=$ _____，$f'_y(1,2,0)=$ _____，$f'_z(1,2,0)=$ _____.

7. 设 $z=\mathrm{e}^{-x}\sin(x+2y)$，则 $\left.\dfrac{\partial z}{\partial x}\right|_{\left(0,\frac{\pi}{4}\right)}=$ _____.

8. 设 $f(x,y)=x^3y+e^{xy}-\sin(x^2-y^2)$，求 $f'_x(1,1)$.

9. 设 $z=\arctan(x^2y)$，求 $\dfrac{\partial z}{\partial x},\dfrac{\partial z}{\partial y}$.

10. 设 $u=\sin(xyz)+x^2y+3z^2+1$，求 $\dfrac{\partial u}{\partial x},\dfrac{\partial u}{\partial y},\dfrac{\partial u}{\partial z}$.

11. 设 $z=\ln(y+\sqrt{x^2+y^2})$，求 $\dfrac{\partial z}{\partial y}\bigg|_{(1,1)},\dfrac{\partial^2 z}{\partial y\partial x}\bigg|_{(1,1)}$.

综合题

12. 求曲线 $\begin{cases}z=\dfrac{x^2+y^2}{4}\\y=4\end{cases}$，在点 $(2,4,5)$ 处的切线与 x 轴正向之间的夹角.

思考题

13. 设函数 $z=(1+x^2y)^x$，关于 $\dfrac{\partial z}{\partial x}$ 的下列三个答案，指出其错误的原因，并求出正确结果.

(1) $x(1+x^2y)^{x-1}$；

(2) $2x^2y(1+x^2y)^{x-1}$；

(3) $(1+x^2y)^x\ln(1+x^2y)$.

习题 9-3　全微分

知识提要

1. 全微分.

(1) 可微的定义：对于函数 $z=f(x,y)$，若函数在点 (x,y) 的全增量 $\Delta z=f(x+\Delta x,y+\Delta y)-f(x,y)$ 可表达为关于自变量的增量 $\Delta x,\Delta y$ 的线性部分和高阶部分之和，即

$$\Delta z = A\Delta x + B\Delta y + o(\rho),$$

其中 A 和 B 不依赖于 Δx 和 Δy 而仅与 x 和 y 有关，$\rho=\sqrt{(\Delta x)^2+(\Delta y)^2}$，则称 $z=f(x,y)$ 在 (x,y) 处可微；

(2) 若 $z=f(x,y)$ 在 (x,y) 处可微，则 $\dfrac{\partial z}{\partial x}=A,\dfrac{\partial z}{\partial y}=B$；

(3) 全微分：Δz 的线性部分 $\mathrm{d}z=\dfrac{\partial z}{\partial x}\mathrm{d}x+\dfrac{\partial z}{\partial y}\mathrm{d}y$.

2. 函数 $z=f(x,y)$ 偏导连续、可微、可偏导（即两个偏导数都存在）和连续之间的关系为：

偏导连续 $\Rightarrow$ 可微 $\Rightarrow$ $\begin{cases}可偏导,\\ 连续,\end{cases}$　可偏导 $\not\Leftrightarrow$ 连续.

3. $f''_{xy}(x,y),f''_{yx}(x,y)$ 连续 $\Rightarrow f''_{xy}(x,y)=f''_{yx}(x,y)$.

基础题

1. 选择题.

(1) 在 (x_0,y_0) 处二元函数 $f(x,y)$ "偏导数存在"是它"连续"的（　　）条件；

A. 充分　　　　　B. 必要

C. 充要　　　　　D. 既非充分也非必要

(2) 对于函数 $f(x,y)$，在区域 D 内 "$f''_{xy}(x,y),f''_{yx}(x,y)$ 连续"是"$f''_{xy}(x,y)=f''_{yx}(x,y)$"的（　　）条件；

A. 充分　　　　　B. 必要

C. 充要　　　　　D. 既非充分也非必要

(3) 函数 $z=f(x,y)$ 在 (x_0,y_0) 处连续、可偏导、可微的下列关系中正确的是（　　）；

A. 可微 $\Leftrightarrow$ 可偏导　　　B. 可偏导 $\Rightarrow$ 连续

C. 可微 $\Rightarrow$ 可偏导　　　D. 可偏导 $\Rightarrow$ 可微

(4) 设 $z=x\mathrm{e}^{-y}$，则 $\mathrm{d}z\big|_{(1,0)}=$（　　）．

A. $\mathrm{d}x+\mathrm{d}y$　　　　B. $\mathrm{d}x-\mathrm{d}y$

C. $-\mathrm{d}x+\mathrm{d}y$　　　D. $-\mathrm{d}x-\mathrm{d}y$

2. 求 $z=x^{\sin y}$ 的全微分 $\mathrm{d}z$.

提高题

3. 设 $z=xy^2+\mathrm{e}^{xy}$，则 $\mathrm{d}z\big|_{(1,2)}=$ _____.

4. 设 $u(x,y,z)=\left(\dfrac{x}{y}\right)^z$，求 $\mathrm{d}u\big|_{(1,2,1)}$.

习题 9-4 多元复合函数的求导法则

知识提要

1. 多元复合函数求(偏)导的步骤.

(1) 分析每个函数的因变量、函数符号和自变量;如 $z=f(u,v)$,因变量为 z,函数符号为 f,自变量为 u,v;

(2) 按照**因变量与函数符号同级,自变量在下级,变量不重复**的原则,将所有的变量与函数符号及其关系画为树形图;在函数的自变量与因变量的第一层自变量一致时,也可省略函数符号;

(a) 若 $z=f(u,v),u=\varphi(x,y),v=\psi(x,y)$,则树形图如下图左;由于 f 的自变量与 z 的第一层自变量均为 u,v,而 φ,ψ 的自变量与 u,v 的第一层自变量均为 x,y,该图也可简化为下图右;

(b) 若 $z=f(u,v,x,y),u=\varphi(x,y),v=\psi(x,y)$,则树形图如下图;该图表明函数 f 的自变量为 u,v,x,y,而因变量 z 的第一层自变量只有 u,v,没有 x,y,故 z 不能对 x,y 直接求偏导①;

(3) 找到偏导式 $\dfrac{\partial \cdot}{\partial \cdot}$ 的分子与分母中的变量或函数,分析树形图中它们之间的路径,利用链式法则写出计算公式②.

2. 常见形式.

(1) 形式 0:$z=f(r),r=g(x,y)$,则 $\dfrac{\partial z}{\partial x}=f'(r)g'_x=\dfrac{\mathrm{d}z}{\mathrm{d}r}\dfrac{\partial r}{\partial x}$③;

(2) 形式 1:$z=f(u,v),u=\varphi(t),v=\psi(t)$,则 $\dfrac{\mathrm{d}z}{\mathrm{d}t}=f'_u\varphi'(t)+f'_v\psi'(t)=\dfrac{\partial z}{\partial u}\dfrac{\mathrm{d}u}{\mathrm{d}t}+\dfrac{\partial z}{\partial v}\dfrac{\mathrm{d}v}{\mathrm{d}t}$;

(3) 形式 2:$z=f(u,v),u=\varphi(x,y),v=\psi(x,y)$,则 $\dfrac{\partial z}{\partial x}=f'_u\varphi'_x+f'_v\psi'_x=\dfrac{\partial z}{\partial u}\dfrac{\partial u}{\partial x}+\dfrac{\partial z}{\partial v}\dfrac{\partial v}{\partial x}$;

(4) 形式 3:$z=f(u,v,x,y),u=\varphi(x,y),v=\psi(x,y)$,则 $\dfrac{\partial z}{\partial x}=f'_u\varphi'_x+f'_v\psi'_x+f'_x$;

(5) 形式 4:$z=f($函数表达式 1,函数表达式 2$)$,如 $z=f(e^{x+y},\sin x\cos y)$,则在偏导记号中,可用 f 的自变量的位次代替其表达式,如 $f'_{e^{x+y}}$ 可写为 f'_1.

---

① [难点]注意 $\dfrac{\partial z}{\partial x}$ 与 $\dfrac{\partial f}{\partial x}$ 的意义的区别,以及此类情况中 $\dfrac{\partial z}{\partial x}$ 与 $\dfrac{\partial f}{\partial x}$ 的计算方式的区别.

② 计算公式的右端,(偏)导数部分建议先写成函数与其自变量的关系,如对于 $z=f(u,v),u=\varphi(x,y),v=\psi(x,y)$,有 $\dfrac{\partial z}{\partial x}=f'_u\varphi'_x+f'_v\psi'_x$;然后,若确定 u,v 为 z 的直接自变量,x 为 u,v 的直接自变量,则再改为 $\dfrac{\partial z}{\partial x}=\dfrac{\partial z}{\partial u}\dfrac{\partial u}{\partial x}+\dfrac{\partial z}{\partial v}\dfrac{\partial v}{\partial x}$.

③ 此种情况并未涉及多元复合函数偏导求法,可以直接借鉴一元复合函数的导数求法,因此在 9-2 节也有相关练习.

基础题

1. 设 $z = u^3 2^v$，而 $u = u(x,y)$ 具有连续偏导数，$v = v(y)$ 可导，则 $\dfrac{\partial z}{\partial y} =$ (   ).

    A. $3u^2 2^v \dfrac{\partial u}{\partial y} + u^3 2^v \ln 2 \dfrac{\partial v}{\partial y}$ B. $3u^2 2^v \dfrac{\partial u}{\partial y} + u^3 2^v \ln 2 \dfrac{dv}{dy}$

    C. $3u^2 \dfrac{\partial u}{\partial y} + 2^v \ln 2 \dfrac{\partial v}{\partial y}$ D. $3u^2 \dfrac{\partial u}{\partial y} + 2^v \ln 2 \dfrac{dv}{dy}$

2. 设 $z = u^2 \ln v$，其中 $u = \cos t, v = \ln t$，求 $\dfrac{dz}{dt}$.

3. 设 $z = u^v$，且 $u = 2x + 3y, v = 2x + 3y$，求 $\dfrac{\partial z}{\partial x}, \dfrac{\partial z}{\partial y}$.

提高题

4. 设 $z = f(3x^2 y)$，其中 $f(u)$ 可微，则 $dz =$ _____.

5. 设 $z = f\left(e^x \sin y, \dfrac{y}{x}\right)$，其中 $f(u,v)$ 可微，则 $\dfrac{\partial z}{\partial x} =$ _____.

6. 设 $z = y^2 + f(x^2 - y^2)$，其中 $f(u)$ 可微，求证：$y \dfrac{\partial z}{\partial x} + x \dfrac{\partial z}{\partial y} = 2xy$.

7. 设 $z = y^2 f\left(x e^y, \dfrac{x}{y}\right) + x g(\sin y)$，其中 $f(u,v), g(t)$ 可微，求 $\dfrac{\partial z}{\partial x}, \dfrac{\partial z}{\partial y}$.

8. 设 $z=f(x^2+y^2)$，其中 f 可微，求 $\dfrac{\partial^2 z}{\partial x^2}, \dfrac{\partial^2 z}{\partial y^2}, \dfrac{\partial^2 z}{\partial x \partial y}$.

9. 设 $u=f(r)$，其中 $r=\sqrt{x^2+y^2+z^2}$，$f(r)$ 具有二阶连续偏导数. 试求 $\dfrac{\partial^2 u}{\partial x^2}+\dfrac{\partial^2 u}{\partial y^2}+\dfrac{\partial^2 u}{\partial z^2}$.

思考题

10. 已知函数 $u=f(t,x,y)$, $x=\varphi(s,t)$, $y=\psi(s,t)$ 均有一阶连续偏导数，则 $\dfrac{\partial u}{\partial t}=$（　　）.

　A. $f'_t+f'_x\varphi'_t+f'_y\psi'_t$ 　　B. $f'_x\varphi'_t+f'_y\psi'_t$
　C. $f\varphi'_t+f\psi'_t$ 　　D. $f'_t+f\varphi'_t+f\psi'_t$

11. 设 $z=\sin(x+y)\mathrm{e}^u$，而 $u=x^2\sin y$. 若不将 u 的表达式代入 z 的表达式，试求 $\dfrac{\partial z}{\partial y}$.

习题 9-5　隐函数的求导法则

知识提要

1. 隐函数的基本求导法则：将方程（或方程组）两端同时关于自变量求偏导，再从得到的结果中整理出所要求的偏导数即可.

2. 基本公式（由方程确定的隐函数的偏导公式）.

方　　程	隐　函　数	偏导(或导数)公式
$F(x,y)=0$	$y=f(x)$	$\dfrac{dy}{dx}=-\dfrac{F'_x}{F'_y}$
$F(x,y,z)=0$	$z=f(x,y)$	$\dfrac{\partial z}{\partial x}=-\dfrac{F'_x}{F'_z},\dfrac{\partial z}{\partial y}=-\dfrac{F'_y}{F'_z}$

3. 对基本公式的注.

（1）记忆：公式满足负交叉原则；

（2）[**难点**] 以 $\dfrac{\partial z}{\partial x}=-\dfrac{F'_x}{F'_z}$ 为例，理解：

（a）等号左端，立足于隐函数 $z=f(x,y)$，x,y 视为因变量 z 的自变量；

（b）等号右端，立足于方程的左端函数 $F(x,y,z)$，x,y,z 皆为函数 F 的独立自变量.

4. 由方程组确定的隐函数组的偏导公式.

方　程　组	对应隐函数	雅可比行列式	偏导(或导数)公式
$\begin{cases}F(x,y,z)=0,\\ G(x,y,z)=0\end{cases}$	$\begin{cases}y=\varphi(x),\\ z=\psi(x)\end{cases}$	$J=\begin{vmatrix}F'_y & F'_z\\ G'_y & G'_z\end{vmatrix}$	$\dfrac{dy}{dx}=\dfrac{1}{J}\begin{vmatrix}F'_x & F'_z\\ G'_x & G'_z\end{vmatrix}$, $\dfrac{dz}{dx}=\dfrac{1}{J}\begin{vmatrix}F'_x & F'_y\\ G'_x & G'_y\end{vmatrix}$
$\begin{cases}F(x,y,u,v)=0,\\ G(x,y,u,v)=0\end{cases}$	$\begin{cases}u=\varphi(x,y),\\ v=\psi(x,y)\end{cases}$	$J=\begin{vmatrix}F'_u & F'_v\\ G'_u & G'_v\end{vmatrix}$	$\dfrac{\partial u}{\partial \#}=\dfrac{1}{J}\begin{vmatrix}F'_v & F'_\#\\ G'_v & G'_\#\end{vmatrix}$, $\dfrac{\partial v}{\partial \#}=\dfrac{1}{J}\begin{vmatrix}F'_\# & F'_u\\ G'_\# & G'_u\end{vmatrix}$ ($\#=x,y$)

基础题

1. 设函数 $y=y(x)$ 由方程 $xy-\ln y-\ln x=0$ 所确定，则 $\dfrac{dy}{dx}=$（　　）.

A. $-\dfrac{y}{x}$ 　　　B. $\dfrac{y}{x}$

C. $-\dfrac{x}{y}$ 　　　D. $\dfrac{x}{y}$

2. 设函数 $z=z(x,y)$ 为由方程 $xyz+x^2+y^2=2-z^2$ 所确定的隐函数，则 $\dfrac{\partial z}{\partial x}=$ ＿＿＿＿＿，$\dfrac{\partial z}{\partial y}=$ ＿＿＿＿＿.

3. 设 $\sin y+x^2 y=e^{-y}-\cos 1$，则 $\dfrac{dy}{dx}=$ ＿＿＿＿＿.

4. 设 $z=z(x,y)$ 为由方程 $x^2+2y^2+3z^2=e^{2z}$ 所确定的隐函数，求 $\dfrac{\partial z}{\partial x}, \dfrac{\partial z}{\partial y}$.

7. 设 $z=z(x,y)$ 为由方程 $x^2+y^2+z^2=yf\left(\dfrac{x}{y}\right)$ 所确定的隐函数，其中 f 可微，求 $\dfrac{\partial z}{\partial x}, \dfrac{\partial z}{\partial y}$.

提高题

5. 设 $\ln\sqrt{x^2+y^2}=\arctan\dfrac{y}{x}$，求 $\dfrac{dy}{dx}$.

6. 设 $\begin{cases} y=y(x), \\ z=z(x) \end{cases}$ 为由方程组 $\begin{cases} 2x+y+e^z=8, \\ 3x+y^2+z=9 \end{cases}$ 所确定的隐函数组，求 $\dfrac{dy}{dx}, \dfrac{dz}{dx}$（提示：将方程组左右两边对 x 求导）.

综合题

8. 设函数 $z=z(x,y)$ 由方程 $\varphi(x-z, y-z)=0$ 所确定，则 $\dfrac{\partial z}{\partial x}+\dfrac{\partial z}{\partial y}=(\quad)$.

    A. 0   B. -1 C. 1   D. 2

9. 设函数 $z=z(x,y)$ 为由方程 $F(x-az, y-bz)=0$ 所确定的隐函数，其中 $F(u,v)$ 可微，a,b 为常数. 当 α,β 分别为（ ）时，$\alpha\dfrac{\partial z}{\partial x}+\beta\dfrac{\partial z}{\partial y}=1$.

    A. b,a B. a,b C. $b,-a$ D. $a,-b$

思考题

10. 设 $u=\sin(xy+3z)$，其中 $z=z(x,y)$ 为由方程 $yz^2-xz^3=1$ 所确定的隐函数，求 $\dfrac{\partial u}{\partial x},\dfrac{\partial u}{\partial y}$.

11. 函数 $y=y(x)$ 为由方程组 $\begin{cases} y=e^t-t, \\ y^2-t-x^2=1 \end{cases}$ 所确定的隐函数，以下列两种方式求 $\dfrac{dy}{dx}$：

(1) 视 t 为参数，即 $x=\varphi(t),y=\psi(t)$；

(2) 视 x 为参数，即 $y=\varphi(x),t=\psi(x)$.

12. 设 $z=z(x,y)$ 为由方程 $x=ze^{y+z}$ 所确定的隐函数，求 $\dfrac{\partial^2 z}{\partial x \partial y}\left(\text{提示：利用}\dfrac{\partial z}{\partial x}=\dfrac{1}{e^{y+z}(1+z)}=\dfrac{z}{x(1+z)}=\dfrac{1}{x}\left(1-\dfrac{1}{1+z}\right)\right).$

习题 9-6 多元函数微分学的应用——曲线的切向量与曲面的法向量

知识提要

1. 曲线的切向量.

(1) 曲线 $\begin{cases} x=\varphi(t), \\ y=\psi(t), \\ z=\omega(t) \end{cases}$ 的切向量 $\boldsymbol{T}=(x',y',z')=(\varphi'(t),\psi'(t),\omega'(t))$;

(2) $\begin{cases} y=\varphi(x), \\ z=\psi(x) \end{cases} \Rightarrow \begin{cases} x=x, \\ y=\varphi(x), \\ z=\psi(x) \end{cases} \Rightarrow \boldsymbol{T}=(1,\varphi'(x),\psi'(x))$;

(3) $\begin{cases} F(x,y,z)=0, \\ G(x,y,z)=0 \end{cases}$ 可视为隐函数组 $\begin{cases} y=\varphi(x), \\ z=\psi(x), \end{cases}$ 利用隐函数组的偏导法则求出 $\dfrac{\mathrm{d}y}{\mathrm{d}x}, \dfrac{\mathrm{d}z}{\mathrm{d}x}$, 即 $\varphi'(x), \psi'(x)$, 从而可得 $\boldsymbol{T}=\left(\begin{vmatrix} F_y' & F_z' \\ G_y' & G_z' \end{vmatrix}, \begin{vmatrix} F_z' & F_x' \\ G_z' & G_x' \end{vmatrix}, \begin{vmatrix} F_x' & F_y' \\ G_x' & G_y' \end{vmatrix}\right)$;

(4) 利用**点向式**可得**切线**方程,利用**点法式**可得**法平面**方程.

2. 曲面的法向量.

(1) 曲面 $F(x,y,z)=0$ 的法向量 $\boldsymbol{n}=(F_x',F_y',F_z')$;

(2) 利用**点向式**可得**法线**方程,利用**点法式**可得**切平面**方程.

基础题

1. 空间曲线 $\Gamma: x=\sin(t-1), y=\ln t, z=t^2$ 在 $t=1$ 处的切线方程为( ).

A. $\dfrac{x}{1}=\dfrac{y}{1}=\dfrac{z-1}{1}$ B. $\dfrac{x}{1}=\dfrac{y-1}{1}=\dfrac{z-1}{2}$

C. $\dfrac{x}{1}=\dfrac{y}{1}=\dfrac{z-1}{2}$ D. $\dfrac{x}{1}=\dfrac{y}{1}=\dfrac{z}{2}$

2. 曲线 $x=t^3, y=-t^2, z=t$ 在 $t=1$ 处切向量为_____; 切线方程为_____, 法平面方程为_____.

3. 曲面 $z+xy-2=0$ 在 $M_0(1,2,0)$ 处的法向量为_____, 法线方程为_____, 切平面方程为_____.

4. 求曲线 $x=t-\sin t, y=1-\cos t, z=4\sin\dfrac{t}{2}$ 在 $t=\dfrac{\pi}{2}$ 处的切线方程和法平面方程.

提高题

5. 曲面 $\Sigma: z=F(x,y,z)$ 的一个法向量为( ).

A. $(F_x',F_y',F_z'-1)$ B. $(F_x'-1,F_y'-1,F_z'-1)$

C. (F_x',F_y',F_z') D. $(-F_x',-F_y',1)$

6. 曲线 $\begin{cases} x=y^2, \\ z=x^2 \end{cases}$ 上点 $(1,1,1)$ 处的法平面方程为（　　）.

  A. $2x-y-4z+3=0$ B. $2x+y+4z-7=0$

  C. $2x-y+4z-5=0$ D. $y-2x-4z-5=0$

7. 平面 $2x+3y-z=\lambda$ 为曲面 $z=2x^2+3y^2$ 在点_____处的切平面，且 $\lambda=$_____.

8. 设曲线 $x=t^3, y=2t^2, z=t$ 在某点处的切线平行于平面 $x+y+z=1$，求该点的坐标.

9. 求曲面 $z=2x^2y^3$ 在点 $(1,1,2)$ 处的法线和切平面方程.

10. 求曲面 $\cos(\pi x)-x^2y+e^{xz}+yz=4$ 在点 $(0,1,2)$ 处的切平面方程.

11. 求曲面 $x^y+y^z-\pi^z=\pi^\pi$ 在点 (π,π,π) 处的法线方程.

综合题

12. 设曲面 $z=xy$ 上点 P 处的切平面平行于平面 $\pi: 2x+2y+z=16$，求 P 到平面 π 的距离.

13. 求曲线 $x=e^{2t}+1, y=3\sin t-\cos t, z=\int_0^t e^{-2u}\cos u\,du$ 在点 $t=0$ 处的切线和法平面方程.

14. 求椭球面 $3x^2+y^2+z^2=16$ 上点 $(-1,-2,3)$ 处的切平面与 xOy 面的夹角的余弦.

思考题

15. 设 $f(u)$ 可微,证明曲面 $z=xf\left(\dfrac{y}{x}\right)$ 上任意点处的切平面都通过原点.

16. 求曲线 $\begin{cases} 2z=x^2+y^2, \\ x^2+2y^2-3z^2=0 \end{cases}$ 在点 $(1,1,1)$ 处的切线方程.

17. 用以下两种方式推导曲线 $\begin{cases} F(x,y,z)=0, \\ G(x,y,z)=0 \end{cases}$ 在任意点 $P(x,y,z)$ 处的切向量:

(1) 视 x 为自变量,即 $\begin{cases} x=x, \\ y=\varphi(x), \\ z=\psi(x); \end{cases}$

(2) 视该曲线为两曲面的交线,在 P 处,它应同时垂直于两曲面的法向量.

习题 9-7 多元函数微分学的应用——方向导数与梯度

知识提要

1. 梯度.

(1) 定义：标量场 u 增长最快的方向为梯度方向，记为 ∇u 或 $\text{grad}\, u$；

(2) 设 $u=u(x_1,x_2,\cdots,x_n)$，则 $\nabla u=\left(\dfrac{\partial u}{\partial x_1},\dfrac{\partial u}{\partial x_2},\cdots,\dfrac{\partial u}{\partial x_n}\right)$①.

2. 方向导数.

(1) 计算公式：$\dfrac{\partial u}{\partial l}=\nabla u\cdot \boldsymbol{l}^\circ$，其中 $\boldsymbol{l}^\circ$ 为 $\boldsymbol{l}$ 的单位向量；

(2) 几何意义：

(a) u 沿 $\boldsymbol{l}$ 方向的变化率，也即切线斜率；

(b) 梯度在所选方向上（带符号）的有效长度；

(3) 方向导数与梯度的关系：$|\nabla u|=\max\limits_{l}\dfrac{\partial u}{\partial l}=-\min\limits_{l}\dfrac{\partial u}{\partial l}$.

3. [难点] 二元函数 $z=f(x,y)$ 的梯度 $\nabla z=(f'_x,f'_y)$ 为二维向量，与下列向量间的关系.

线/面方程	相关向量	向量维数	与 ∇z 的关系
三维曲面 $f(x,y)-z=C$	法向量 $\boldsymbol{n}=(f'_x,f'_y,-1)$	3	∇z 为 $\boldsymbol{n}$ 在 xOy 平面上的投影
二维曲线 $f(x,y)=C$	切向量 $\boldsymbol{T}=(f'_y,-f'_x)$	2	垂直于 ∇z
	法向量 $\boldsymbol{n}=(f'_x,f'_y)$		平行于 ∇z

基础题

1. 选择题.

(1) 函数 $u=\dfrac{x^2}{1}+\dfrac{y^2}{2}+\dfrac{z^2}{3}$，则 $\nabla u=$（　　）；

　A. $\left(2x,y,\dfrac{2z}{3}\right)$　　　　B. (x,y,z)

　C. $\left(\dfrac{1}{1},\dfrac{1}{2},\dfrac{1}{3}\right)$　　　D. $\sqrt{x^2+\dfrac{y^4}{4}+\dfrac{4z^2}{9}}$

(2) 函数 $u=3xy+z^3$ 在点 $(2,-1,1)$ 处方向导数的最大值为（　　）；

　A. $2\sqrt{2}$　　B. $3\sqrt{2}$　　C. $2\sqrt{6}$　　D. $3\sqrt{6}$

(3) 函数 $z=\sqrt{x^2+y^2}$ 在点 $(1,1)$ 处沿方向 $\boldsymbol{l}=(1,1)$ 的方向导数 $\dfrac{\partial z}{\partial l}\Big|_{(1,1)}=$（　　）.

　A. 0　　　B. 1　　　C. 2　　　D. $\sqrt{2}$

2. 函数 $u=2x^2+y^2+z^2$ 在点 $(1,2,1)$ 处的梯度为_____，沿梯度方向的方向导数为_____.

3. 函数 $u=x^2y^2z$ 在点 $(1,2,1)$ 处沿方向 $\boldsymbol{l}=(1,1,1)$ 的方向导数 $\dfrac{\partial u}{\partial l}\Big|_{(1,2,1)}=$_____.

提高题

4. 设三元函数 $u=f(x,y,z)$ 在 (x_0,y_0,z_0) 处可微，则 $\nabla f(x_0,y_0,z_0)$ 能否作为曲面 $f(x,y,z)=C$ 在该点处的法向量？_____

---

① $\nabla=\left(\dfrac{\partial}{\partial x_1},\dfrac{\partial}{\partial x_2},\cdots,\dfrac{\partial}{\partial x_n}\right)$.

结论是( ).

A. 可以 B. 不可以
C. 不一定可以 D. 无法知道

5. 函数 $f(x,y)=\frac{1}{2}(x^2+y^2)$ 在点 $P(1,1)$ 处增加最快的方向为_____,减少最快的方向为_____,变化率为 0 的方向为_____.

6. 求曲面 $u=xyz$ 在点 $P(1,1,1)$ 处的梯度,并求沿"从 P 到 $Q(3,0,4)$ 的方向"的方向导数.

7. 求函数 $u=xy+yz+xz$ 在点 $P(1,2,3)$ 处沿 P 点处的向径方向的方向导数.

8. 设有数量场 $u=\frac{x^2}{a^2}+\frac{y^2}{b^2}-\frac{z^2}{c^2}$,问:当 a,b,c 满足什么条件时,才能使得函数 $u(x,y,z)$ 在点 $P(1,2,2)$ 处沿方向 $\boldsymbol{l}=(1,2,-2)$ 的方向导数最大?

综合题

9. 求函数 $z=x\ln(1+y^2)$ 在点 $(1,1)$ 沿曲线 $2x^2-y^2=1$ 的切线方向(指 x 增大的方向)的方向导数.

10. 设 $\boldsymbol{a}$ 为曲线 $2x^2-y^2=1$ 在点 $(1,1)$ 处的内法向量. 求函数 $z=x^y$ 在点 $(1,1)$ 处沿 $\boldsymbol{a}$ 的方向导数.

习题 9-8　多元函数微分学的应用
——极值与最值

知识提要

1. 一元函数极值的第二判别法与二元函数极值的判别法.

步骤	$y=f(x)$	$z=f(x,y)$
1	令 $f'(x)=0$,得驻点集$\{x_i\}$	令 $f'_x=f'_y=0$,得驻点集$\{(x_i,y_i)\}$
2	求$\{f''(x_i)\}$	求 $A_i=f''_{xx}(x_i,y_i), B_i=f''_{xy}(x_i,y_i), C_i=f''_{yy}(x_i,y_i)$
3	$f(x)$在$x=x_i$处 $\begin{cases}(此法失效) & f''(x_i)=0,\\ 取极小值, & f''(x_i)>0,\\ 取极大值, & f''(x_i)<0.\end{cases}$	令 $\Delta_i=A_iC_i-B_i^2$,则 $f(x,y)$在(x_i,y_i)处 $\begin{cases}(此法失效) & \Delta_i=0,\\ 有极值, & \Delta_i>0\begin{cases}取极小值, & A>0,\\ 取极大值, & A<0,\end{cases}\\ 无极值, & \Delta_i<0.\end{cases}$

2. 最值.

(1) 位置：内部极值点,边界点.

(2) 求二元函数 $z=f(x,y)$, $(x,y)\in D$ 的最值的基本步骤：

(a) 步骤 1　求内部极值点.

(b) 步骤 2　将边界曲线 Γ 投影到一维,化为一元函数 $y=g(x),x\in I$ 的最值问题：

(i) 步骤 2.1　求一元函数的内部极值点；

(ii) 步骤 2.2　考虑 I 的边界点；

(c) 步骤 3　计算上述各点处的函数值并比较即可；

(3) 若只有唯一的内部极大(小)值点,则必为最大(小)值点.

基础题

1. 函数 $f(x,y)=x^2+xy^2$ 的驻点为_____.

2. $f(x,y)=-x^4-y^4+x^2+2xy+y^2$ 在点$(1,1)$处有极_____值为_____.

3. 选择题.

(1) 若 $f(x,y)$ 在点 (x_0,y_0) 的某个邻域内有连续的二阶偏导数,$\Delta=AC-B^2$, $A=f''_{xx}(x_0,y_0)$, $B=f''_{xy}(x_0,y_0)$, $C=f''_{yy}(x_0,y_0)$,则当(　　)时,$f(x,y)$在(x_0,y_0)处取到极大值；

A. $\Delta>0, A>0$　　　　B. $\Delta>0, A<0$

C. $\Delta<0, A>0$　　　　D. $\Delta<0, A<0$

(2) 若 $f(x,y)$ 在 (x_0,y_0) 处可微,且 $f'_x(x_0,y_0)=f'_y(x_0,y_0)=0$,则 $f(x,y)$ 在 (x_0,y_0) 处(　　)；

A. 可能有极值,也可能无极值

B. 必有极值,可能是极大值,也可能是极小值

C. 必有极小值

D. 必有极大值

(3) 点$(0,0)$是函数 $z=xy$ 的(　　)；

A. 极大值点　　　　　　B. 极小值点

C. 驻点但非极值点　　　D. 非驻点

(4) 点 $\left(\dfrac{1}{2},-1\right)$ 是 $z=\mathrm{e}^{2x}(x+y^2+2y)$ 的(　　).

A. 极大值点　　　　　　B. 极小值点

C. 驻点但非极值点　　　D. 非驻点

4. 求函数 $z=2x^3+y^2-6x$ 的驻点.

5. 求函数 $z=x^3+y^3-3x^2-3y^2$ 的极值.

6. 设函数 $f(x,y)=2x^2+ax+xy^2+by$. 试问:
（1）当 a,b 取何值时, 点 $P(1,-1)$ 为 $f(x,y)$ 的驻点？

（2）此时 P 是否为 $f(x,y)$ 的极值点？若是, 求出极值.

综合题

7. 在 xOy 平面上求一点, 使它到 $x=0,y=0$ 及 $x+2y-16=0$ 三直线的距离平方和最小.

8. 用以下三种方法求点 $P(1,1,1)$ 到直线 $l:\begin{cases}x+2y=5,\\2x-y+3z=4\end{cases}$ 的距离：

（1）空间解析几何；

（2）求任意点 (x,y,z) 到 P 的距离 d；视直线 l 的方程为条件：

（a）将条件代入 d 或 d^2, 利用多元函数的极值求法求解；

(b) 利用拉格朗日乘数法求解.

思考题

9. 设函数 $z=f(x,y)$ 在 (x_0,y_0) 处取得极大值,则函数 $\varphi(x)=f(x,y_0)$ 在 $x=x_0$ 处是否取到极值?若是,试问取到极大值还是极小值,并用以下两种方法验证它:

(1) 一元函数极值的定义;

(2) 在 $z=f(x,y)$ 满足二元函数极值判别法的条件的前提下,利用一元函数极值的判别法.

10. 求函数 $f(x,y,z)=z^2$ 在 $2x^2+y^2-z^2+2=0$ 条件下的极值.

11. 能否参照一元函数极值的第一判别法写出针对二元函数极值的相应判别法?如果能够,则写出判别法并证明之;若不能,请叙述其原因.

12. 无论是一元函数还是二元函数的最值问题,基本思想皆为将问题分解为内部极值问题与边界的最值问题;对二元函数的边界最值问题,将边界进行降维处理,再进行问题分解.试利用此思想,写出三元函数 $u=f(x,y,z),(x,y,z)\in\Omega$ 的最值问题的求解算法.

习题 9-P 程序实现

知识提要

1. diff：求（偏）导数．

2. subs：将符号表达式中的某个符号进行替换，如：

（1）subs(fx,x,a) 表示将符号表达式 fx 中的符号变量 x 替换为 a；

（2）subs(fxy,[x,y],[a,b]) 表示将符号表达式 fxy 中的符号变量 x,y 分别替换为 a,b；

（3）其中 a,b 可以为符号变量、符号表达式、常量．

3. gradient．

（1）gradient(Z,hx,hy)：利用结点处的函数值数组 Z 求函数的数值梯度，hx 和 hy 为 x,y 方向的步长；

（2）gradient(f,[x,y])：函数 f 关于自变量 x,y 的梯度．

4. fmincon：求解 n 维最小值型的优化问题．

$\min f(\boldsymbol{X})$ $\qquad$ $\min f(x_1,x_2,\cdots,x_n)$

s.t. $\boldsymbol{AX}\leqslant\boldsymbol{b}$, $\qquad$ s.t. $a_{i1}x_1+a_{i2}x_2+\cdots+a_{in}x_n\leqslant b_i$, $1\leqslant i\leqslant m$,

$\boldsymbol{A}_{eq}\boldsymbol{X}=\boldsymbol{b}_{eq}$, 也即 $\tilde{a}_{j1}x_1+\tilde{a}_{j2}x_2+\cdots+\tilde{a}_{jn}x_n=\tilde{b}_j$, $1\leqslant j\leqslant\tilde{m}$,

$\boldsymbol{G}(\boldsymbol{X})\leqslant\boldsymbol{\beta}$, $\qquad$ $g_k(x_1,x_2,\cdots,x_n)\leqslant\beta_k$, $1\leqslant k\leqslant M$,

$\boldsymbol{G}_{eq}(\boldsymbol{X})=\boldsymbol{\beta}_{eq}$, $\qquad$ $\tilde{g}_l(x_1,x_2,\cdots,x_n)=\tilde{\beta}_l$, $1\leqslant l\leqslant\tilde{M}$,

$\boldsymbol{X}_l\leqslant\boldsymbol{X}\leqslant\boldsymbol{X}_u$. $\qquad$ $x_i^l\leqslant x_i\leqslant x_i^u$, $1\leqslant i\leqslant n$.

其中 $f(\boldsymbol{X})$ 称为目标函数，"s.t." 后面为约束条件：$\boldsymbol{AX}\leqslant\boldsymbol{b}$ 和 $\boldsymbol{A}_{eq}\boldsymbol{X}=\boldsymbol{b}_{eq}$ 为线性约束；$\boldsymbol{G}(\boldsymbol{X})\leqslant\boldsymbol{\beta}$ 和 $\boldsymbol{G}_{eq}(\boldsymbol{X})=\boldsymbol{\beta}_{eq}$ 为非线性约束．

函数调用格式如下：

```
[X,fval,exitflag] = fmincon('f_mb',X0,A,b,Aeq,beq,Xl,Xu,'f_nlys');
```

其中 f_mb 为目标函数，f_nlys 为非线性约束；X0 为迭代初值．当返回值 exitflag 大于 0 时，求出的结果为：最优点 X，最优值 fval.[①]

示例及练习

1. 设 $z=x\mathrm{e}^{x^2+y^2-1}$.

（1）利用 MATLAB 的 diff 函数求 $\dfrac{\partial z}{\partial x}$, $\dfrac{\partial z}{\partial y}$, $\dfrac{\partial^2 z}{\partial x\partial y}$;

（2）利用 MATLAB 的 subs 函数求 $\dfrac{\partial^2 z}{\partial x\partial y}\bigg|_{(0,1)}$.

2. 设 $z=u^2-v^2$, $u=\sin xy$, $v=\cos xy$. 试用下列两种方法

[①] 注意：fmincon 仅求出从 X0 开始迭代产生的第一个最优解，可能会发生如下情况：

(i) 迭代不收敛，未得到最优解，因此迭代初值 X0 需谨慎选取；

(ii) 还有其他最优解，需取其他迭代初值或缩小区域（增加约束条件）进行计算.

如欲求 $z=x\sin x\cos y$ ($x\in[2\pi,9\pi]$, $y\in[2,4]$) 的最小值，首先将下列程序段存储为 f_mbFootNote.m：

```
function z = f_mbFootNote(t)
x = t(1); y = t(2); z = x*sin(x)*cos(y);
end
```

[X,fval,exitflag] = fmincon('f_mbFootNote',[2*pi,3],[],[],[],[],[2*pi,2],[9*pi,4]) 仅可求出离 $(2\pi,3)$ 最近的极小值点，而非最小值点；[X,fval,exitflag] = fmincon('f_mbFootNote',[9*pi,3],[],[],[],[],[2*pi,2],[9*pi,4]) 得到最小值点.

求 $\dfrac{\partial z}{\partial x}$：

(1) 先将 u,v 的表达式代入 z，再利用 diff 函数；

(2) 利用多元复合函数的偏导公式以及 MATLAB 的 diff 和 subs 函数.

3. 设方程 $x^2+y^2=z^2$ 确定了隐函数 $z=f(x,y)$. 借鉴上册导数部分中程序实现的示例，可用下列 MATLAB 程序段求 $\dfrac{\partial z}{\partial x}$ 和 $\dfrac{\partial^2 z}{\partial x^2}$.

```
syms x y;
%隐函数所对应的方程关于自变量 x 求偏导
%注意：方程中,因变量 z 写作自变量 x,y 的函数形式
eqdiff = diff('x^2 + y^2 = z(x,y)^2',x);
%为了从上一步的结果得到 z 关于 x 的偏导数,将偏导数的符号表达
    式 diff(z(x,y),x)替换为变量 pzpx
eqdiff = subs(eqdiff,'diff(z(x,y),x)','pzpx');
pzpx = solve(eqdiff,'pzpx')
pretty(pzpx) %输出为直观形式
%下面求二阶偏导数
p2zpxx = diff(pzpx,x)
p2zpxx = subs(p2zpxx,'diff(z(x,y),x)',pzpx)
%注意上一个 subs 中 pzpx 有引号,表示替换为变量名(字符串);而
    这一个替换为该符号变量的表达式
pretty(p2zpxx)
```

现设 $x^2+y^2+z^2=r^2$ 确定了隐函数 $r=f(x,y,z)$，试编程求 $\dfrac{\partial^2 r}{\partial x^2}+\dfrac{\partial^2 r}{\partial y^2}+\dfrac{\partial^2 r}{\partial z^2}$.

4. 编写程序，画出三维曲线 $\begin{cases} x=t\cos t, \\ y=t\sin t, \\ z=t \end{cases} (t\in[-\pi,\pi])$ 及其在 $t=0$ 处的切线和法平面，要求 $t=0$ 处的坐标、切向量以及切线上的点列和法平面上的点阵均由程序计算得出.

5. 编写程序，画出三维曲面 $z=\sin x\cos y(x,y\in[-\pi,\pi])$ 及其在点 $P\left(\dfrac{\pi}{4},\dfrac{\pi}{4},\dfrac{1}{2}\right)$ 处的法线和切平面，要求点 P 处的法向量以及法线上的点列和切平面上的点阵均由程序计算得出.

6. 下列 MATLAB 程序段可用于求函数 $z=\sin x\cos y$ 的梯度.

```
syms x y;
z = sin(x) * cos(y);
gradient(z,[x,y])
```

试编程求 $z=xy$ 的梯度.

7. 下列 MATLAB 程序段可用于求函数 $z=\sin x\cos y(x,y\in[-\pi,\pi])$ 的数值梯度，并作出曲面的等值线图和数值梯度的矢量图.

```
a = -pi; b = pi;
%%曲面的等值线图
x = linspace(a,b,201); y = x;
[X,Y] = meshgrid(x,y);
Z = sin(X).*cos(Y);
contour(X,Y,Z); hold on
```

```
%%梯度矢量图
N = 40;
h = (b - a)/N;
x = linspace(a,b,N+1); y = x;
[X,Y] = meshgrid(x,y);
Z = sin(X).*cos(Y);
[GX,GY] = gradient(Z,h,h); %梯度
quiver(X,Y,GX,GY,0.5); axis equal
```

试编程求 $z=xy(x,y\in[-1,1])$ 的数值梯度,并作出曲面的等值线图和数值梯度的矢量图,观察等值线的密度与梯度矢量的长度之间的关系.

8. 极值与最值.

(1) 无约束优化. 现欲求 $z=\sin x\cos y(x,y\in[-\pi,\pi])$ 的最小值. 首先将下列程序段存储为 f_mb.m:

```
function z = f_mb(t)
x = t(1); y = t(2);
z = sin(x)*cos(y);
end
```

然后,利用下列程序段求最小值:

```
[X,fval,exitflag] = fmincon('f_mb',[0,0],[],[],[],[],[-pi,-pi],[pi,pi])
```

试编程求 $z=x^2(2+y^2)+y\ln y(x\in[-1,1],y\in[0,1])$ 的最小值.

(2) 线性约束优化. 现欲求 $z=\sin x\cos y$ 在由 $x+y=5, x=1, y=1$ 所围成的区域内的最小值. 将该最小值问题转化为如下优化问题:

$$\min z = \sin x\cos y$$
$$\text{s.t. } x+y \leqslant 5,$$
$$x,y \geqslant 1.$$

约束条件 $x+y\leqslant 5$ 的矩阵形式为 $\begin{bmatrix}1 & 1\end{bmatrix}\begin{bmatrix}x\\y\end{bmatrix}\leqslant 5$. 利用下列程序段求最小值:

```
A = [1,1]; b = 5;
[X,fval,exitflag] = fmincon('f_mb',[0,0],A,b,[],[],[1,1])
```

试编程求 $z=x^2(2+y^2)+y\ln y$ 在由 $x+y=1, y=x+1$ 以及 x 轴所围成的区域内的最小值.

(3) 非线性约束优化. 设 D 为由 $x^2+y^2\leqslant 16, y=x^2-1$ 所围成的图形在第一象限的部分. 现欲求 $z=\sin x\cos y$ 在 D 上的最小值. 转化为优化问题:

$$\min z = \sin x\cos y$$
$$\text{s.t. } x^2+y^2 \leqslant 16,$$
$$y \geqslant x^2-1,$$
$$x,y \geqslant 0.$$

将下列程序段存储为 f_nlys.m:

```
function [b,beq] = f_nlys(t)
x = t(1); y = t(2);
```

```
b(1) = x^2 + y^2 - 16;
b(2) = x^2 - y - 1;
beq(1) = 0; %没有等式非线性约束,将此参数设为0
end
```

利用下列程序段求最小值：

```
[X,fval,exitflag] = fmincon('f_mb',[1,1],[],[],[],[],[0,0],
[],'f_nlys')
```

试编程求 $z = x^2(2+y^2) + y\ln y$ 在由上半圆周 $y = \sqrt{1-x^2}$ 和 x 轴所围成的区域内的最小值.

总习题 9

1. 选择题.

(1) 函数 $z=f(x,y)$ 在点 (x_0,y_0) 处的偏导数存在,是它在该点处可微的( )条件;

A. 充分 B. 必要

C. 充要 D. 非充分且非必要

(2) 设 $f(x_0,y_0)=0$ 且 $\left.\frac{\partial f}{\partial x}\right|_{(x_0,y_0)}=\left.\frac{\partial f}{\partial y}\right|_{(x_0,y_0)}=0$,则 $f(x,y)$ 在点 (x_0,y_0) 处( );

A. 连续且可微

B. 连续但不一定可微

C. 可微但不一定连续

D. 不一定可微也不一定连续

(3) 考虑二元函数 $f(x,y)$ 在点 (x_0,y_0) 处的下列四条性质:①连续,②两个偏导数连续,③可微,④两个偏导数存在,则有( );

A. ②⇒③⇒① B. ③⇒②⇒①

C. ③⇒④⇒① D. ③⇒①⇒④

(4) 函数 $z=e^{xy}\cos(x-y)$,则 $dz\big|_{(1,1)}=$( );

A. $e(-dx+dy)$ B. $e(dx-dy)$

C. $e(dx+dy)$ D. $e(-dx-dy)$

(5) 设函数 $z=z(x,y)$ 为由方程 $F(xy,z)=x$ 所确定的隐函数,其中 $F(u,v)$ 是变量 u,v 的可微函数,则 $\frac{\partial z}{\partial x}+\frac{\partial z}{\partial y}=$( );

A. $\frac{1-(x+y)F_1'}{F_2'}$ B. $\frac{1-xF_y'-yF_x'}{F_2'}$

C. 0 D. 1

(6) 在曲线 $x=t, y=-t^2, z=t^3$ 的所有切线中,与平面 $x+2y+z=-4$ 平行的切线有( )条;

A. 0 B. 1

C. 2 D. 3

(7) 空间曲线 $\Gamma:\begin{cases}x=a\sin^2 t,\\ y=b\sin t\cos t,\\ z=c\cos^2 t\end{cases}$ 上点 $t=\frac{\pi}{4}$ 处的法平面方程必( );

A. 平行于 x 轴 B. 平行于 y 轴

C. 垂直于 xOy 平面 D. 垂直于 yOz 平面

(8) 设 $f(x,y,z)=\ln(x^2+y^2+z^2)$,则 $\nabla f(1,-1,2)=$( );

A. $\left(\frac{1}{6},-\frac{1}{6},\frac{2}{6}\right)$ B. $\left(\frac{1}{6},\frac{1}{6},\frac{4}{6}\right)$

C. $\left(\frac{1}{3},-\frac{1}{3},\frac{2}{3}\right)$ D. $\left(\frac{1}{3},\frac{1}{3},\frac{2}{3}\right)$

(9) 已知矩形的周长为 $2p$,将它绕其一边旋转成为一个旋转体. 当矩形两边的长分别为( )时,旋转体的体积最大.

A. $\frac{p}{2},\frac{p}{2}$ B. $\frac{p}{3},\frac{2p}{3}$

C. $\frac{p}{4},\frac{3p}{4}$ D. $\frac{2p}{5},\frac{3p}{5}$

2. 填空题.

(1) 函数 $z=\ln(y-x^2)+\sqrt{1-x^2-y^2}$ 的定义域为_____;

(2) 设 $z=f(2x-y,\sin x)$,其中 $f(u,v)$ 具有二阶偏导数,则 $\dfrac{\partial z}{\partial x}=$_____; $\dfrac{\partial z}{\partial y}=$_____; $\dfrac{\partial^2 z}{\partial x\partial y}=$_____;

(3) 若函数 $z=2x^2+2y^2+3xy+ax+by+c$ 在点 $(-2,3)$ 处取到极值 -3,则 $abc=$_____;

(4) 若函数 $f(x,y,z)=axy^2+byz^2+czx^2$ 在点 $(1,1,-1)$ 处沿 z 轴正方向有最大增长率 18,则 $a=$_____,$b=$_____,$c=$_____ $\left(\text{提示}:\nabla f\Big|_{(1,1,-1)}=(0,0,18)\right)$.

3. 计算题.

(1) 求曲线 $\begin{cases} z=\sqrt{1+x^2+y^2} \\ x=1 \end{cases}$,在点 $(1,1,\sqrt{3})$ 处的切线与 y 轴正向之间的夹角;

(2) 设 $u=\left(\dfrac{x}{y}\right)^{\frac{1}{z}}$,求 $\mathrm{d}u\Big|_{(1,1,1)}$;

(3) 设 $z=u^3v^2$,其中 $u=3x^2-5y^2$,$v=3xy$,求 $\dfrac{\partial z}{\partial x}$,$\dfrac{\partial z}{\partial y}$;

(4) 求曲面 $xz^2+z+xy=5$ 在点 $(2,1,1)$ 处的切平面方程和法线方程;

(5) 求曲线 $\begin{cases} x=z, \\ y=z^2+1 \end{cases}$ 在点 $(1,2,1)$ 处的切线与法平面方程;

(6) 确定正数 σ 使曲面 $xyz=\sigma$ 与球面 $x^2+y^2+z^2=a^2$ 相切（提示：可设切点为 $M(x_0, y_0, z_0)$);

(7) 求函数 $z=\cos(x+y)+\cos x$ 的驻点;

(8) 求函数 $z=x^3+y^3-3xy$ 的极值;

(9) 求函数 $u=\sin x \sin y \sin z$ 满足条件 $x+y+z=\dfrac{\pi}{2}$ ($x>0$, $y>0$, $z>0$) 的条件极值;

(10) 设 $\boldsymbol{r}=\boldsymbol{f}(t)=(3\cos t, 2\sin t, 5t)$ 为空间中的质点 M 在 t 时刻的位置，求 M 在时刻 $t=t_0=\dfrac{\pi}{2}$ 的速度 $\boldsymbol{v}_0=\boldsymbol{r}'(t_0)$ 和加速度 $\boldsymbol{a}_0=\boldsymbol{v}'(t_0)$，并求在任意时刻 t 的速率 $|\boldsymbol{v}|$;

(11) 求曲面 $z=\ln(x^2+y^2)$ 在点 $P(2,1)$ 处沿椭圆 $2x^2+y^2=9$ 在 P 处偏向 x 轴负向的切线方向的方向导数（提示：$l=-(1,k_{切})=(-1,4)$）；

(12) 设函数 $z=f(x,y)$ 在平面区域 D 内具有一阶连续偏导数，点 $P_0(x_0,y_0)\in D$，则

(a) 求在点 $P_0(x_0,y_0)$ 处的梯度，以及沿方向 $l=(a,b)$ 的方向导数；

(b) 分析方向导数与梯度的关系，并说明满足什么条件时方向导数到达最大值和最小值，并求最值；

(13) 求周长相同的一切三角形中面积最大的三角形；

(14) 在椭球面 $\dfrac{x^2}{a^2}+\dfrac{y^2}{b^2}+\dfrac{z^2}{c^2}=1$ 上求一点，使该点处的切平面在三个坐标轴上的截距的平方和最小（提示：三个截距分别为 $\dfrac{a^2}{x}$，$\dfrac{b^2}{y}$，$\dfrac{c^2}{z}$；将椭球面方程化为约束条件 $\varphi(x,y,z)=\dfrac{x^2}{a^2}+\dfrac{y^2}{b^2}+\dfrac{z^2}{c^2}-1=0$，再利用拉格朗日乘数法）．

(15) 空间原点有一带电量为 q 的电荷，电位 $V=\dfrac{q}{r}$，其中 r 为点 (x,y,z) 到电荷的距离．

(a) 求电位梯度 ∇V；

(b) 说明电场强度 E 和电位梯度 ∇V 的关系．

第 10 章 重积分

习题 10-1 二重积分的概念与性质

知识提要

注：本节知识要点可结合定积分的概念与性质进行理解和记忆.

1. 二重积分的定义

(1) $\iint\limits_D f(x,y)\mathrm{d}\sigma := \lim\limits_{\lambda \to 0} \sum\limits_{i=1}^{n} f(\xi_i, \eta_i)\Delta\sigma_i$（若该极限存在）；

(2) "两个任意性，一个极限"：划分和 $\{(\xi_i, \eta_i)\}$ 的任意性，$\lambda = \max\limits_{1 \leqslant i \leqslant n}\{d(\Delta\sigma_i)\} \to 0$，其中 $d(\Delta\sigma_i)$ 表示区域 $\Delta\sigma_i$ 的直径；

(3) 几何意义：曲顶柱体的体积.

2. 闭区域上（分片）连续 $\Rightarrow$ 可积.

3. [**重点**] 二重积分的性质（假设下列积分都存在）.

(1) 线性性质：

$$\iint\limits_D [f(x,y) + g(x,y)]\mathrm{d}\sigma = \iint\limits_D f(x,y)\mathrm{d}\sigma + \iint\limits_D g(x,y)\mathrm{d}\sigma,$$

$$\iint\limits_D \mu f(x,y)\mathrm{d}\sigma = \mu \iint\limits_D f(x,y)\mathrm{d}\sigma;$$

(2) 1 的积分：$\iint\limits_D \mathrm{d}\sigma = \sigma(D)$（其中 $\sigma(D)$ 表示区域 D 的面积）；

(3) 区域可加性：$\iint\limits_{D_1 \cup D_2} f(x,y)\mathrm{d}\sigma = \iint\limits_{D_1} f(x,y)\mathrm{d}\sigma + \iint\limits_{D_2} f(x,y)\mathrm{d}\sigma$

（D_1 和 D_2 没有公共内点）；

(4) 正定性：

(a) 若 $f(x,y) \geqslant 0$，则 $\iint\limits_D f(x,y)\mathrm{d}\sigma \geqslant 0$[①]；

(b) 推论：若 $f(x,y) \geqslant g(x,y)$，则 $\iint\limits_D f(x,y)\mathrm{d}\sigma \geqslant \iint\limits_D g(x,y)\mathrm{d}\sigma$；

(5) 估值：$\iint\limits_D f(x,y)\mathrm{d}\sigma \in [m, M] \times \sigma(D)$；

(6) 积分中值（Mean Value，平均值）定理：

(a) 若 $f(x,y)$ 在 D 上连续，则存在 $(\xi, \eta) \in D$，使得 $f(\xi, \eta) = \dfrac{1}{\sigma(D)}\iint\limits_D f(x,y)\mathrm{d}\sigma$；

(b) 几何意义：闭区域上的连续函数，总有一点处的高度为平均高度.

基础题

1. 选择题.

(1) $\iint\limits_{|x|+|y|\leqslant 1} 3\mathrm{d}x\mathrm{d}y = (\quad)$；

    A. 3   B. 4   C. 5   D. 6

[①] 若 $f(x,y) \geqslant 0$ 在 D 上连续，且存在 $(\xi, \eta) \in D$ 使得 $f(\xi, \eta) > 0$，则 $\iint\limits_D f(x,y)\mathrm{d}\sigma > 0$.

(2) 二重积分 $\iint\limits_{D} f(x,y) \mathrm{d}x \mathrm{d}y$ 的值（　　）；

A. 与函数 f 及变量 x, y 有关
B. 与区域 D 及变量 x, y 都无关
C. 与函数 f 及区域 D 有关
D. 与函数 f 无关，与区域 D 有关

(3) 设 $D = \{(x,y) \mid 0 \leqslant x \leqslant 1, 0 \leqslant y \leqslant 2\}$，利用二重积分的性质估计积分 $\iint\limits_{D}(x+y)\mathrm{d}x\mathrm{d}y$ 值的范围为（　　）．

A. $[0, 6]$ 　　　　　　　B. $[0, 3]$
C. $[0, 2]$ 　　　　　　　D. $[0, 1]$

2. 填空题．

(1) 在二重积分的定义 $\iint\limits_{D} f(x,y) \mathrm{d}\sigma = \lim\limits_{\lambda \to 0} \sum\limits_{i=1}^{n} f(\xi_i, \eta_i) \Delta\sigma_i$ 中，$\Delta\sigma_i$ 表示 _____，λ 表示 _____；

(2) 设 D 为由 $y = x, y = 0$ 和 $x = 1$ 所围成的区域，其直径为 _____；

(3) $\iint\limits_{D} x \sin \dfrac{y}{x} \mathrm{d}x \mathrm{d}y$ 中，积分变量为 _____，被积函数 $f(x,y) = $ _____，面积元素 $\mathrm{d}\sigma = $ _____；

(4) $\iint\limits_{|x|+|y| \leqslant 1}(x^2+y^2)\mathrm{d}x\mathrm{d}y$ ____ 0；

(5) 若关于 x 的奇函数 $f(x,y)$ 在关于 y 轴对称的区域 D 上连续，则 $\iint\limits_{D} f(x,y) \mathrm{d}x \mathrm{d}y = $ _____；

(6) 根据二重积分的几何意义可得 $\iint\limits_{x^2+y^2 \leqslant a^2} \sqrt{a^2-x^2-y^2}\,\mathrm{d}x\mathrm{d}y = $ _____；

(7) 根据二重积分的性质可得 $\iint\limits_{x^2+y^2 \leqslant a^2} \mathrm{d}x \mathrm{d}y = $ _____；

(8) 设 $I_1 = \iint\limits_{D} \ln(x+y) \mathrm{d}x\mathrm{d}y$，$I_2 = \iint\limits_{D} \ln(x+y)^2 \mathrm{d}x\mathrm{d}y$，$I_3 = \iint\limits_{D} \sin(x+y)^2 \mathrm{d}x\mathrm{d}y$，其中 D 是由 $x=0, y=0, x+y=1$ 和 $x+y=\dfrac{1}{4}$ 所围成的区域，则 I_1, I_2, I_3 的大小顺序为 _____．

提高题

3. 选择题．

(1) 设 $D: 4 \leqslant x^2+y^2 \leqslant 9$，则 $\iint\limits_{D} \mathrm{d}x \mathrm{d}y = $（　　）；

A. π 　　　B. 4π 　　　C. 5π 　　　D. 9π

(2) 设 D 是由直线 $x+y=2, y=1$ 以及两坐标轴所围成，则 $\iint\limits_{D} \mathrm{d}x \mathrm{d}y = $（　　）；

A. $\dfrac{1}{2}$ 　　B. $\dfrac{3}{2}$ 　　C. 1 　　D. 3

(3) 二重积分 $I_1 = \iint\limits_{x^2+y^2 \leqslant 1} x^2 \mathrm{d}x\mathrm{d}y$，$I_2 = \iint\limits_{x^2+y^2 \leqslant 1} y^2 \mathrm{d}x\mathrm{d}y$，$I_3 = \iint\limits_{x^2+y^2 \leqslant 1}(x^2+y^2)\mathrm{d}x\mathrm{d}y$ 的关系是（　　）；

A. $I_1 < I_2 < I_3$ 　　　　　B. $I_1 = I_2 = I_3$

C. $I_1 = I_2 = \dfrac{1}{2}I_3$ 　　　　D. $I_1 = I_2 = 2I_3$

(4) 设 $\iint\limits_{x^2+y^2\leqslant 1}(x^2+y^2-3xy)dxdy = k\iint\limits_{D}(x^2+y^2)dxdy$，其中 D 为圆 $x^2+y^2\leqslant 1$ 在第一象限的部分，则 $k=($ 　　$)$；

A. 1　　　B. 2　　　C. 4　　　D. 不确定

(5) 设 D 为由半圆 $y=\sqrt{1-x^2}$ 与 x 轴所围区域，D_1 是 D 在第一象限的部分，则 $\iint\limits_{D}(y\sin x^2 + x^3\sin y^2)dxdy = ($ 　　$)$.

A. 0

B. $2\iint\limits_{D_1}y\sin x^2\, dxdy$

C. $2\iint\limits_{D_1}x^3\sin y^2\, dxdy$

D. $2\iint\limits_{D_1}(y\sin x^2 + x^3\sin y^2)dxdy$

4. $\iint\limits_{|x|+|y|\leqslant 1}(y|x|+x|y|)dxdy = $ _____ .

5. 利用二重积分的性质，估计积分 $\iint\limits_{|x|+|y|\leqslant 10}\dfrac{dxdy}{2+\sin^2 x+\sin^2 y}$ 值的范围.

习题 10-2　直角坐标系下的二重积分

知识提要

1. [重点,难点] 计算二重积分的步骤.

(1) 直角坐标系下 $d\sigma = dxdy$;

(2) 画出 D 的图形,判断 D 的类型(X 型或 Y 型). 判断依据:

(a) 作垂直于 x 轴的箭头,若此箭头无论如何平移,都与 D 的上下边界至多有 2 个交点,则为 X 型;

(b) Y 型类似;

(3) 写成对应的集合形式. 步骤(以 X 型为例):

(a) 跟着箭头,看 y 的范围. 关键在于看箭头穿过的上下边界曲线;若下边界为 $y = \varphi_1(x)$,上边界为 $y = \varphi_2(x)$,则 $\varphi_1(x) \leqslant y \leqslant \varphi_2(x)$;

(b) 平移箭头(在区域范围内),看 x 的范围. 得到 $a \leqslant x \leqslant b$;

(c) 写成集合形式: $D = \{(x,y) | \varphi_1(x) \leqslant y \leqslant \varphi_2(x), a \leqslant x \leqslant b\}$;

(4) 通过集合形式,将二重积分转化为二次积分(以 X 型为例)①: $\int_a^b dx \int_{\varphi_1(x)}^{\varphi_2(x)} f(x,y) dy$;

(5) 从右往左逐次积分.

2. 积分次序的选择.

(1) 基本: 两种次序皆可;

(2) 由区域形状选择: 如由 $y = \dfrac{1}{x}, y = x$ 和 $x = 2$ 所围成的区域,宜视为 X 型;

(3) 由被积函数选择: 如 $f(x,y) = e^{kx^2}, \sin x^2, \sin \dfrac{y}{x}$ 等形式的被积函数关于 x 没有初等函数型的原函数,不宜先关于 x 积分.

3. 积分次序的交换: 以画区域图为中心. 步骤:

$\int_a^b dx \int_{\varphi_1(x)}^{\varphi_2(x)} f(x,y) dy \rightleftharpoons \{(x,y) | \varphi_1(x) \leqslant y \leqslant \varphi_2(x), a \leqslant x \leqslant b\}$

$\updownarrow$
图
$\updownarrow$

$\int_c^d dy \int_{\psi_1(y)}^{\psi_2(y)} f(x,y) dx \rightleftharpoons \{(x,y) | \psi_1(y) \leqslant x \leqslant \psi_2(y), c \leqslant y \leqslant d\}$.

基础题

1. 设 D 为由直线 $y = x, x = -1$ 和 $y = 1$ 所围成的闭区域,那么:

(1) $\left(\dfrac{1}{2}, \dfrac{1}{3}\right)$ _____ D;

(2) 若 $\left(\dfrac{1}{2}, y\right) \in D$,则 $y \in$ _____;

(3) 若 $\left(x, \dfrac{1}{3}\right) \in D$,则 $x \in$ _____;

(4) 视 D 为 X 型区域,则其集合形式为 $D = \{(x,y) | $ _____ $\}$;
_____

---
① 注:(1) 集合形式的顺序和积分形式的顺序相反;(2) 被积函数放在最右边的积分中.

(5) 视 D 为 Y 型区域，则其集合形式为 $D=\{(x,y)|$ _____ $\}$.

2. 设 D 由 $x=0, y=1$ 和 $y=x$ 围成，则将二重积分 $\iint\limits_D f(x,y)\mathrm{d}x\mathrm{d}y$ 化为先对 y，后对 x 积分的二次积分是(　　).

　A. $\int_0^1 \mathrm{d}x \int_0^1 f(x,y)\mathrm{d}y$　　B. $\int_0^1 \mathrm{d}x \int_x^1 f(x,y)\mathrm{d}y$

　C. $\int_0^1 \mathrm{d}y \int_0^y f(x,y)\mathrm{d}x$　　D. $\int_x^1 \mathrm{d}y \int_0^y f(x,y)\mathrm{d}x$

3. 设 D 为由直线 $y=x, y=1$ 和 $x=0$ 所围成的闭区域. 分别视 D 为 X,Y 型区域，计算下列二重积分：

(1) $\iint\limits_D (x+y)\mathrm{d}x\mathrm{d}y$；

(2) $\iint\limits_D xy\,\mathrm{d}x\mathrm{d}y$.

提高题

4. 画出积分区域，选择较简单的形式，化二重积分 $\iint\limits_D f(x,y)\mathrm{d}x\mathrm{d}y$ 为二次积分，其中积分区域 D.

(1) 由 $y=x^2$ 和 $y=x+2$ 围成；

(2) 由 $y^2=x-1, y=1-x$ 和 $y=1$ 围成.

5. 利用二重积分计算由双曲线 $xy=1$，抛物线 $y=x^2$ 及直线 $x=\dfrac{1}{2}$ 所围成的区域的面积.

6. 计算 $\iint_D xy\,\mathrm{d}x\mathrm{d}y$，其中 D 为由 $y=\dfrac{1}{x}$，$y=x$ 和 $y=2$ 所围成的区域.

7. 计算 $\iint_D |x+y-1|\,\mathrm{d}x\mathrm{d}y$，其中 D 为由 $x=0,x=1,y=0$ 和 $y=1$ 所围成的区域.

8. 画出积分区域，并在直角坐标系下交换下列积分的次序.

(1) $\displaystyle\int_1^e \mathrm{d}x \int_0^{\ln x} f(x,y)\,\mathrm{d}y$；

(2) $\displaystyle\int_{-1}^1 \mathrm{d}x \int_0^{\sqrt{1-x^2}} f(x,y)\,\mathrm{d}y$.

9. 选择题.

(1) 二次积分 $\displaystyle\int_0^1 \mathrm{d}x \int_0^{\sqrt{x}} f(x,y)\,\mathrm{d}y$ 的另一种次序的积分形式为（　　）；

A. $\displaystyle\int_0^1 \mathrm{d}y \int_0^1 f(x,y)\,\mathrm{d}x$ 　　　　B. $\displaystyle\int_0^1 \mathrm{d}y \int_{y^2}^1 f(x,y)\,\mathrm{d}x$

C. $\displaystyle\int_0^1 \mathrm{d}y \int_0^{\sqrt{y}} f(x,y)\,\mathrm{d}x$ 　　　D. $\displaystyle\int_0^1 \mathrm{d}y \int_0^{y^2} f(x,y)\,\mathrm{d}x$

(2) 二次积分 $\displaystyle\int_{\frac{1}{2}}^1 \mathrm{d}y \int_{\frac{1}{y}}^2 f(x,y)\,\mathrm{d}x + \int_1^{\sqrt{2}} \mathrm{d}y \int_{y^2}^2 f(x,y)\,\mathrm{d}x$ 的另一种次序的积分形式为（　　）.

A. $\displaystyle\int_1^2 \mathrm{d}x \int_{\frac{1}{x}}^{\sqrt{2}} f(x,y)\,\mathrm{d}y + \int_1^2 \mathrm{d}x \int_1^{\sqrt{x}} f(x,y)\,\mathrm{d}y$

B. $\displaystyle\int_{\frac{1}{2}}^1 \mathrm{d}x \int_{\frac{1}{x}}^2 f(x,y)\,\mathrm{d}y + \int_1^2 \mathrm{d}x \int_{\sqrt{x}}^2 f(x,y)\,\mathrm{d}y$

C. $\displaystyle\int_1^{\sqrt{2}} \mathrm{d}x \int_{\frac{1}{x}}^{\sqrt{x}} f(x,y)\,\mathrm{d}y$

D. $\displaystyle\int_1^2 \mathrm{d}x \int_{\frac{1}{x}}^{\sqrt{x}} f(x,y)\,\mathrm{d}y$

综合题

10. 计算 $\iint_D x e^{xy} dx dy$，其中 $D = \{(x,y) \mid 0 \leqslant x \leqslant 1, -1 \leqslant y \leqslant 0\}$.

11. 计算 $\int_0^1 dy \int_{\sqrt{y}}^1 \sin x^3 dx$.

12. 计算 $\int_0^1 dx \int_x^1 e^{-y^2} dy$.

思考题

13. 证明下列等式：

(1) $\int_0^a dy \int_0^y e^{m(a-x)} f(x) dx = \int_0^a (a-x) e^{m(a-x)} f(x) dx$;

(2) $\int_0^a dx \int_0^x f(y) dy = \int_0^a (a-x) f(x) dx$.

习题 10-3 极坐标系下的二重积分

知识提要

1. [重点] 直角坐标系与极坐标系的转换.

（1）基本公式：$\begin{cases} x = \rho\cos\theta, \\ y = \rho\sin\theta; \end{cases}$

（2）极坐标下 $d\sigma = \rho d\rho d\theta$；

（3）曲线方程的转化：将基本公式代入即可；如将 $x^2 + y^2 = 2x$ 化为 $\rho^2 = 2\rho\cos\theta$，从中解出 $\rho = \varphi(\theta)$ 的形式 $\rho = 2\cos\theta$，即为该曲线的极坐标形式；

（4）积分形式的转化：将基本公式代入即可，

$$\iint\limits_D f(x,y) dxdy = \iint\limits_D f(\rho\cos\theta, \rho\sin\theta) \rho d\rho d\theta ①.$$

2. [重点，难点] 写出 D 在极坐标系下的集合形式的步骤②：

（1）由原点出发作箭头；

（2）跟着箭头，看 ρ 的范围．关键在于看箭头穿过的边界曲线；若首先穿过 $\rho = \varphi_1(\theta)$ ③，然后穿过 $\rho = \varphi_2(\theta)$，则 $\varphi_1(\theta) \leq \rho \leq \varphi_2(\theta)$；

（3）以原点为中心旋转箭头（在区域范围内），看 θ 的范围，得到 $\alpha \leq \theta \leq \beta$；

（4）写成集合形式：$D = \{(\rho,\theta) | \varphi_1(\theta) \leq \rho \leq \varphi_2(\theta), \alpha \leq \theta \leq \beta\}$.

3. 由 D 的集合形式可得二次积分形式 $\int_\alpha^\beta d\theta \int_{\varphi_1(\theta)}^{\varphi_2(\theta)} f(\rho\cos\theta, \rho\sin\theta) \rho d\rho$.

基础题

1. 设 D 为由直线 $y = 0, y = x$ 和 $x = 1$ 所围成的闭区域.

（1）它的边界曲线的极坐标方程分别为_____，_____ 和_____；

（2）若 $\left(\rho, \dfrac{\pi}{6}\right) \in D$，则 $\rho \in$ _____；

（3）D 在极坐标下的集合形式为 $D = \{(\rho,\theta) | $ _____ $\}$.

2. 计算 $\iint\limits_D e^{x^2+y^2} dxdy$，其中 D 为由 $x^2 + y^2 = 4$ 所围成的区域.

3. 计算 $\iint\limits_D \arctan\dfrac{y}{x} d\sigma$，其中 D 为由 $x = \sqrt{4-y^2}, y = \sqrt{1-x^2}$ 及 $y = 0, y = x$ 所围成的区域.

---

① 积分形式的转化中，区域本身并未改变，因此可以仍用 D 表示；而在后续化为累次积分以及计算的过程中，需要用到 D 的不同形式的集合形式而已.

② 沿用直角坐标系下 X, Y 型域的说法，极坐标系下的区域可理解为 θ 型域.

③ 若原点 $(0,0) \in D$，则 $\varphi_1(\theta) = 0$.

提高题

4. 填空题.

(1) 二次积分 $\int_{-1}^{1} dx \int_{0}^{\sqrt{1-x^2}} f(\sqrt{x^2+y^2}) dy$ 化为极坐标下的二次积分是_____;

(2) 二次积分 $\int_{0}^{1} dx \int_{0}^{x^2} f\left(\dfrac{x}{y}\right) dy$ 化为极坐标下的二次积分是_____.

5. 选择题.

(1) 二次积分 $\int_{0}^{1} dx \int_{x}^{1} f(x,y) dy$ 化为极坐标下的二次积分是( );

A. $\int_{0}^{\frac{\pi}{4}} d\theta \int_{0}^{\csc\theta} \rho f(\rho\cos\theta, \rho\sin\theta) d\rho$

B. $\int_{\frac{\pi}{4}}^{\frac{\pi}{2}} d\theta \int_{0}^{\csc\theta} \rho f(\rho\cos\theta, \rho\sin\theta) d\rho$

C. $\int_{\frac{\pi}{4}}^{\frac{\pi}{2}} d\theta \int_{0}^{\csc\theta} f(\rho\cos\theta, \rho\sin\theta) d\rho$

D. $\int_{\frac{\pi}{4}}^{\frac{\pi}{2}} d\theta \int_{0}^{\sec\theta} \rho f(\rho\cos\theta, \rho\sin\theta) d\rho$

(2) 设 $D=\{(x,y)\mid x^2+y^2\leqslant 4\}$,则 $\iint_{D} f(2\sqrt{x^2+y^2}) dxdy =$ ( );

A. $4\pi \int_{0}^{2} f(2\rho) d\rho$ B. $4\pi \int_{0}^{2} \rho f(2\rho) d\rho$

C. $2\pi \int_{0}^{2} f(2\rho^2) d\rho$ D. $2\pi \int_{0}^{2} \rho f(2\rho) d\rho$

(3) 二次积分 $\int_{0}^{\frac{\pi}{2}} d\theta \int_{0}^{\cos\theta} f(\rho\cos\theta, \rho\sin\theta)\rho d\rho$ 在直角坐标系下的二次积分为( ).

A. $\int_{0}^{1} dx \int_{0}^{\sqrt{x-x^2}} f(x,y) dy$

B. $\int_{0}^{1} dy \int_{0}^{\sqrt{y-y^2}} f(x,y) dx$

C. $\int_{0}^{2} dx \int_{0}^{\sqrt{x-x^2}} f(x,y) dy$

D. $\int_{0}^{2} dy \int_{0}^{\sqrt{y-y^2}} f(x,y) dx$

6. 选择合适的坐标系计算下列二重积分:

(1) $\iint_{D} \dfrac{x^2}{y^2} d\sigma$,其中 D 为由 $x=2, y=x$ 及 $xy=1$ 所围成的区域;

(2) $\iint_{D} |x^2+y^2-4| d\sigma$,其中 D 为 $x^2+y^2=9$ 围成的区域.

综合题

7. 选择合适的坐标系计算下列二重积分：

(1) $\int_0^{2a} dy \int_0^{\sqrt{2ay-y^2}} (x^2+y^2) dx$；

(2) $\iint\limits_{D} \ln(1+x^2+y^2) d\sigma$，其中 D 为 $x^2+y^2=1$ 及坐标轴围成的第一象限内的闭区域.

思考题

8. 设 $f(x,y) = \dfrac{1}{\pi}\left[\sqrt{x^2+y^2} + \iint\limits_{D} f(x,y) dxdy\right]$，其中 D 为由 $y=\sqrt{1-x^2}$ 及 $y=0$ 所围区域，求 $f(x,y)$.

9. 求 $\iint\limits_{D} \sqrt{\dfrac{1-x^2-y^2}{1+x^2+y^2}} d\sigma$，其中 D 为 $x^2+y^2=1$ 及坐标轴围成的第一象限内的闭区域（提示：(i) 用极坐标；(ii) 令 $s=\rho^2$；(iii) $\int_0^1 \sqrt{\dfrac{1-s}{1+s}} ds = \int_0^1 \dfrac{1-s}{\sqrt{1-s^2}} ds = \int_0^1 \dfrac{1}{\sqrt{1-s^2}} ds - \int_0^1 \dfrac{s}{\sqrt{1-s^2}} ds$）.

10. 计算极限 $\lim\limits_{t\to 0}\iint\limits_{t^2\leq x^2+y^2\leq 1}\ln(x^2+y^2)\mathrm{d}\sigma$ (提示：(i) 用极坐标；(ii) 令 $s=\rho^2$；(iii) 对 $\int_{t^2}^1 \ln s\,\mathrm{d}s$ 用分部积分；(iv) 对 $\lim\limits_{s\to 0^+}s(\ln s-1)$ 用洛必达法则).

11. 利用极坐标下的二次积分计算反常积分 $\int_0^{+\infty}\mathrm{e}^{-x^2}\mathrm{d}x$ (提示：利用 $\int_0^{+\infty}\mathrm{e}^{-x^2}\mathrm{d}x=\int_0^{+\infty}\mathrm{e}^{-y^2}\mathrm{d}y$ 可得 $\left(\int_0^{+\infty}\mathrm{e}^{-x^2}\mathrm{d}x\right)^2=\int_0^{+\infty}\mathrm{e}^{-x^2}\mathrm{d}x\cdot\int_0^{+\infty}\mathrm{e}^{-y^2}\mathrm{d}y=\iint\limits_D\mathrm{e}^{-x^2-y^2}\mathrm{d}x\mathrm{d}y$，其中 D 为第一象限，用极坐标可得 $\dfrac{\pi}{4}$；进一步还可以得出 $\int_{-\infty}^{+\infty}\mathrm{e}^{-x^2}\mathrm{d}x=\sqrt{\pi}$).

习题 10-4 三重积分

知识提要

1. 计算三重积分的基本方法有三种：

(1) 1+2：先计算一个定积分再计算一个二重积分；

(2) 2+1：先计算一个二重积分再计算一个定积分；

(3) 球坐标系下的计算.

2. [**重点**] 1+2：投影法. 步骤（可将求二重积分的步骤引申过来）：

(1) 作垂直于 xOy 平面的箭头，跟着箭头，看 z 的范围：$z_1(x,y) \leqslant z \leqslant z_2(x,y)$；

(2) 平移箭头，看 x,y 的范围：$(x,y) \in D_{xy}$；D_{xy} 即为 Ω 在 xOy 平面上的投影区域；

(3) 集合形式：$\Omega = \{(x,y,z) | z_1(x,y) \leqslant z \leqslant z_2(x,y), (x,y) \in D_{xy}\}$；

(4) 积分化为 $\iint\limits_{D_{xy}} d\sigma \int_{z_1(x,y)}^{z_2(x,y)} f(x,y,z) dz$.

(a) $\iint\limits_{D_{xy}} d\sigma$ 用直角坐标计算，则 $\iiint\limits_{\Omega} f(x,y,z) dv$ 为直角坐标系下的三重积分：

(i) $dv = dx dy dz$；

(ii) $\Omega = \left\{ (x,y,z) \left| \begin{array}{c} z_1(x,y) \leqslant z \leqslant z_2(x,y) \\ \varphi_1(x) \leqslant y \leqslant \varphi_2(x) \\ a \leqslant x \leqslant b \end{array} \right. \right\}$（以 X 型为例）；

(iii) $\iiint\limits_{\Omega} f(x,y,z) dv = \int_a^b dx \int_{\varphi_1(x)}^{\varphi_2(x)} dy \int_{z_1(x,y)}^{z_2(x,y)} f(x,y,z) dz$；

(b) $\iint\limits_{D_{xy}} d\sigma$ 用极坐标计算，则 $\iiint\limits_{\Omega} f(x,y,z) dv$ 为柱坐标计算三重积分：

(i) $dv = \rho d\rho d\theta dz$；

(ii) $\Omega = \left\{ (\rho,\theta,z) \left| \begin{array}{c} z_1(\rho\cos\theta, \rho\sin\theta) \leqslant z \leqslant z_2(\rho\cos\theta, \rho\sin\theta) \\ \varphi_1(\theta) \leqslant \rho \leqslant \varphi_2(\theta) \\ \alpha \leqslant \theta \leqslant \beta \end{array} \right. \right\}$；

(iii) $\iiint\limits_{\Omega} f(x,y,z) dv = \int_\alpha^\beta d\theta \int_{\varphi_1(\theta)}^{\varphi_2(\theta)} d\rho d\rho \int_{z_1(\rho\cos\theta,\rho\sin\theta)}^{z_2(\rho\cos\theta,\rho\sin\theta)} f(\rho\cos\theta, \rho\sin\theta, z) dz$.

3. 2+1：截面法[①]. 步骤：

(1) 在 $z = z_0$ 处取截面，设为 D_z；

(2) 考虑 $z = z_0$ 处的二重积分 $I(z) = \iint\limits_{D_z} f(x,y,z) d\sigma$；

(3) 平移截面，看 z 的范围：$c \leqslant z \leqslant d$；

(4) 沿 z 积分，得 $\iiint\limits_{\Omega} f(x,y,z) dv = \int_c^d I(z) dz$；

(5) $\iiint\limits_{\Omega} f(x,y,z) dv = \int_c^d dz \iint\limits_{D_z} f(x,y,z) d\sigma$.

---

① 截面法在一元函数的定积分的应用（求已知截面面积的立体体积）中已有所述，此处的区别仅在于被积函数由 1 变为了 $f(x,y,z)$.

4. [难点] 利用球坐标系计算三重积分.

(1) 基本公式 $\begin{cases} x = r\sin\varphi\cos\theta, \\ y = r\sin\varphi\sin\theta, \\ z = r\cos\varphi, \end{cases}$ 其中 θ 为方位角,$\frac{\pi}{2} - \varphi$ 为高低角(或仰角),分别对应经和纬;

(2) 球坐标系下:$\mathrm{d}v = r^2\sin\varphi \mathrm{d}r\mathrm{d}\theta\mathrm{d}\varphi$;

(3) $\iiint_\Omega f(x,y,z)\mathrm{d}v = \iiint_\Omega f(r\sin\varphi\cos\theta, r\sin\varphi\sin\theta, r\cos\varphi) r^2\sin\varphi \mathrm{d}r\mathrm{d}\theta\mathrm{d}\varphi$;

(4) 注:若 Ω 为球形域,或被积函数为 $f(x^2 + y^2 + z^2)$ 的形式,可考虑用球坐标简化运算.

基础题

1. 设 $\Omega = \{(x,y,z) \mid x^2 + y^2 + z^2 \leqslant R^2\}$,则 $\iiint_\Omega \mathrm{d}x\mathrm{d}y\mathrm{d}z = $ _____.

2. 设 Ω 为三个坐标面及平面 $\frac{x}{4} + \frac{y}{4} + \frac{z}{6} = 1$ 所围成的闭区域,则

(1) $(1,1,2)$ _____ Ω;

(2) 若 $(1,1,z) \in \Omega$,则 $z \in$ _____;

(3) 若 $A(x,y,z) \in \Omega$,则它在 xOy 面上的投影 $B(x,y) \in \{(x,y) \mid $ _____ $\}$;

(4) 若 $(x,y,3) \in \Omega$,则 $(x,y) \in \{(x,y) \mid $ _____ $\}$.

3. 设 Ω 为由 $z = x^2 + y^2$ 和 $z = 4$ 所围成的闭区域,则三重积分 $\iiint_\Omega f(x^2 + y^2 + z^2)\mathrm{d}x\mathrm{d}y\mathrm{d}z$ 化为柱面坐标下的三次积分为 _____.

4. 画出由三个坐标面和平面 $x + y + \frac{z}{2} = 1$ 围成的空间区域 Ω,并利用三重积分的几何意义计算 $\iiint_\Omega \mathrm{d}x\mathrm{d}y\mathrm{d}z$.

5. 计算 $\iiint_\Omega (x^2 + y^2)\mathrm{d}v$,其中 Ω 由 $x^2 + y^2 = 2z$ 和 $z = 8$ 所围成.

6. 计算 $\iiint_\Omega 2z\mathrm{d}v$,其中 Ω 由半球面 $z = \sqrt{1 - x^2 - y^2}$ 与 xOy 所围成.

提高题

7. 选择题.

(1) 设 Ω 是由三个坐标面和 $x + y + z = 1$ 所围成的,则 $\iiint_\Omega y\mathrm{d}x\mathrm{d}y\mathrm{d}z \neq ($ $)$;

A. $\int_0^1 dx \int_0^{1-x} dy \int_0^{1-x-y} y dz$ B. $\int_0^1 dy \int_0^{1-y} y dz \int_0^{1-y-z} dx$

C. $\int_0^1 y dz \int_0^{1-z} dx \int_0^{1-z-x} dy$ D. $\int_0^1 dx \int_0^{1-x} y dy \int_0^{1-x-y} dz$

（2）设 Ω 为由 $z = \sqrt{x^2+y^2}$ 和 $z = 6-x^2-y^2$ 所围成的区域，

则 $\iiint_\Omega z f(\sqrt{x^2+y^2}) dx dy dz = ($ $)$.

A. $\int_0^{2\pi} d\theta \int_0^2 \rho f(\rho) d\rho \int_{6-\rho^2}^\rho z dz$

B. $\int_0^{2\pi} d\theta \int_0^2 \rho f(\rho) d\rho \int_\rho^{6-\rho^2} z dz$

C. $\int_0^{2\pi} d\theta \int_0^3 \rho f(\rho) d\rho \int_{6-\rho^2}^\rho z dz$

D. $\int_0^{2\pi} d\theta \int_0^3 \rho f(\rho) d\rho \int_\rho^{6-\rho^2} z dz$

8. 设 Ω 为由 $z = \sqrt{x^2+y^2}$ 和 $z = x^2+y^2$ 所围成的区域，则

$\iiint_\Omega f(x,y,z) dx dy dz$ 化为柱面坐标系下的三次积分为_____

_____.

9. 计算 $\iiint_\Omega xyz \, dx dy dz$，其中 Ω 为 $x^2+y^2+z^2 \leqslant 1$ 位于第一卦限的部分.

10. 计算 $\iiint_\Omega (x^2+y^2+z) dv$，其中 Ω 为由曲面 $z = \frac{1}{2}(x^2+y^2)$ 与平面 $z = 4$ 所围成的立体区域.

11. 利用球坐标系计算 $\iiint_\Omega 2z dv$，其中 Ω 由球面 $x^2+y^2+z^2 = 1$，$x^2+y^2+z^2 = 4$ 与锥面 $z = \sqrt{x^2+y^2}$ 所围成.

思考题

12. 设 Ω 为由曲面 $z^2 = x^2+y^2$ 与平面 $z=1$ 所围成的闭区域，试计算 $\iiint_\Omega e^{z^3} dv \left(提示：``先二后一''，\iiint_\Omega e^{z^3} dv = \int_0^1 e^{z^3} dz \iint_{0 \leqslant x^2+y^2 \leqslant z^2} dx dy \right)$.

习题 10-5　重积分的应用

知识提要

1. 物体体积.

空间有界闭区域 Ω 由两个曲面 $z=f_1(x,y),z=f_2(x,y)$（不妨设 $f_1(x,y)\leqslant f_2(x,y)$）围成，$D$ 为两曲面的交线在 xOy 平面上的投影所围成的区域，则空间有界闭区域 Ω 的体积为

$$V=\iiint\limits_{\Omega}\mathrm{d}v=\iint\limits_{D}\mathrm{d}x\mathrm{d}y\int_{f_1(x,y)}^{f_2(x,y)}\mathrm{d}z.$$

2. 曲面面积.

设曲面 Σ 为 $z=f(x,y)$，D 为曲面 Σ 在 xOy 平面上的投影，则曲面 Σ 的面积为

$$A=\iint\limits_{D}\mathrm{d}A=\iint\limits_{D}\sqrt{1+f_x^2(x,y)+f_y^2(x,y)}\mathrm{d}\sigma.$$

3. 质心.

(1) 平面薄片 D 的质心：设 D 的密度函数 $\mu(x,y)$ 在 D 上连续，则质心坐标为[①]

$$(\bar{x},\bar{y})=\frac{(m_y,m_x)}{m}=\frac{\iint\limits_{D}\mu(x,y)\cdot\overrightarrow{(x,y)}\mathrm{d}\sigma}{\iint\limits_{D}\mu(x,y)\mathrm{d}\sigma},$$

其中 m,m_y,m_x 分别为 D 的质量及其在 x,y 轴上的静矩（一阶矩）；

(2) 空间有界闭区域 Ω 的质心：设 Ω 的密度函数 $\mu(x,y,z)$ 在 Ω 上连续，则质心坐标为

$$(\bar{x},\bar{y},\bar{z})=\frac{\iiint\limits_{\Omega}\mu(x,y,z)\cdot\overrightarrow{(x,y,z)}\mathrm{d}v}{\iiint\limits_{\Omega}\mu(x,y,z)\mathrm{d}v}.$$

4. 转动惯量.

(1) 平面薄片 D 的转动惯量：设 D 的密度函数 $\mu(x,y)$ 在 D 上连续，

(a) 关于 x 轴和 y 轴的转动惯量 $I_x=\iint\limits_{D}y^2\mu(x,y)\mathrm{d}\sigma,I_y=\iint\limits_{D}x^2\mu(x,y)\mathrm{d}\sigma$；

(b) 关于原点的转动惯量 $I_O=\iint\limits_{D}(x^2+y^2)\mu(x,y)\mathrm{d}\sigma$；

(2) 空间有界闭区域 Ω 的转动惯量：设 Ω 的密度函数 $\mu(x,y,z)$ 在 Ω 上连续，

(a) 关于 x 轴的转动惯量 $I_x=\iiint\limits_{\Omega}(y^2+z^2)\mu(x,y,z)\mathrm{d}v$，关于 y,z 轴的情况类似；

(b) 关于原点的转动惯量 $I_O=\iiint\limits_{\Omega}(x^2+y^2+z^2)\mu(x,y,z)\mathrm{d}v.$

[①] 简便起见，将 $\left(\iint\limits_{D}x\cdot\mu(x,y)\mathrm{d}\sigma,\iint\limits_{D}y\cdot\mu(x,y)\mathrm{d}\sigma\right)$ 写为向量积分的形式 $\iint\limits_{D}\mu(x,y)\cdot\overrightarrow{(x,y)}\mathrm{d}\sigma$；后有类似情况，不再赘述.

5. 空间一物体占有空间有界闭区域 Ω,设其密度函数 $\mu(x,y,z)$ 在 Ω 上连续,则物体对于该物体外一点 $P_0(x_0,y_0,z_0)$ 处单位质量的质点的引力为

$$F=(F_x,F_y,F_z)=G\iiint\limits_{\Omega}\mu(x,y,z)\cdot\frac{\boldsymbol{r}}{|\boldsymbol{r}|^3}\mathrm{d}v,$$

其中 G 为引力常数,$\boldsymbol{r}=(x-x_0,y-y_0,z-z_0)$.

基础题

1. 选择题.

(1) 由曲线 $x^2=x+y$ 和 $x+y=1$ 围成的平面图形面积为( );

    A. $\dfrac{2}{3}$ B. $\dfrac{3}{2}$ C. $\dfrac{4}{3}$ D. $\dfrac{3}{4}$

(2) 由曲面 $z=\sqrt{R^2-x^2-y^2}$ 和平面 $z=0$ 围成的体积为( ).

    A. $\dfrac{2}{3}\pi R^3$ B. $\dfrac{3}{2}\pi R^3$

    C. $\dfrac{4}{3}\pi R^3$ D. $\dfrac{3}{4}\pi R^3$

2. 填空题.

(1) 设 D 为 xOy 平面内密度为 $\mu(x,y)$ 的一薄片,则 $\iint\limits_{D}\mu(x,y)y^2\mathrm{d}x\mathrm{d}y$ 表示薄片 D 关于____轴的_____;

(2) 锥面 $z=\sqrt{x^2+y^2}$ 被柱面 $z^2=2y$ 所截部分的曲面面积元素 $\mathrm{d}A=$ _____ $\mathrm{d}x\mathrm{d}y$,积分区域 $D=\{(x,y)|$ _____ $\}$;曲面面积的积分表达式 $A=$ _____,其值为____.

3. 求由三个平面 $x=0,y=0$ 和 $x+y=1$ 所围成的柱体被平面 $z=0$ 和 $6x+4y+z=6$ 截得的立体的体积.

提高题

4. 选择题.

(1) 面密度为 1 的均匀圆片 $x^2+y^2\leqslant 1$ 关于其中心的转动惯量为( );

    A. π B. $\dfrac{1}{8}\pi$ C. $\dfrac{1}{4}\pi$ D. $\dfrac{1}{2}\pi$

(2) 两圆 $\rho=2\sin\theta$ 和 $\rho=4\sin\theta$ 之间的均匀薄片的质心的纵坐标为( ).

    A. $\displaystyle\int_0^{\pi}\mathrm{d}\theta\int_{2\sin\theta}^{4\sin\theta}\rho^2\sin\theta\mathrm{d}\rho$ B. $\dfrac{1}{3\pi}\displaystyle\int_0^{\pi}\mathrm{d}\theta\int_{2\sin\theta}^{4\sin\theta}\rho^2\sin\theta\mathrm{d}\rho$

    C. $\displaystyle\int_0^{\pi}\mathrm{d}\theta\int_{2\sin\theta}^{4\sin\theta}\rho\sin\theta\mathrm{d}\rho$ D. $\dfrac{1}{3\pi}\displaystyle\int_0^{\pi}\mathrm{d}\theta\int_{2\sin\theta}^{4\sin\theta}\rho\sin\theta\mathrm{d}\rho$

5. 由 $z=x^2+y^2,x^2+y^2=4$ 和 $z=0$ 围成的区域的体积为_____.

6. 求由曲面 $z=\sqrt{2-x^2-y^2}$ 和 $z=\sqrt{x^2+y^2}$ 所围成的立体的体积.

7. 求由曲面 $z=x^2+2y^2$ 及 $z=6-2x^2-y^2$ 所围成的立体的体积.

8. 求圆锥 $z=\sqrt{x^2+y^2}$ 被 $z=1$ 所割下的部分的曲面面积.

综合题

9. 密度为 1 的均匀球体 $x^2+y^2+z^2 \leqslant R^2$ 对位于点 $M_0(0,0,a)$ $(a>R)$ 处的单位质量的质点的引力为 ( ).

A. $G\left(0,0,\iiint_\Omega \dfrac{z-a}{[x^2+y^2+(z-a)^2]^{\frac{3}{2}}}\mathrm{d}v\right)$

B. $G\left(0,0,\iiint_\Omega \dfrac{z-a}{(x^2+y^2+z^2)^{\frac{3}{2}}}\mathrm{d}v\right)$

C. $G\left(0,0,\iiint_\Omega \dfrac{z}{[x^2+y^2+(z-a)^2]^{\frac{3}{2}}}\mathrm{d}v\right)$

D. $G\left(0,0,\iiint_\Omega \dfrac{z}{(x^2+y^2+z^2)^{\frac{3}{2}}}\mathrm{d}v\right)$

10. 一密度为 μ_0 的均匀物体占有的闭区域 Ω 由曲面 $z=2-\sqrt{x^2+y^2}$ 与 $z=(x^2+y^2)$ 所围成. 试求该物体的体积、质心及其关于 z 轴的转动惯量.

习题 10-P 程序实现

知识提要

1. int：连续利用 n 次，可用于求 n 次积分，从而求出 n 重积分.

2. quad, dblquad, triplequad：求方形区域上的数值积分；对于非方形积分区域，设积分区域外为 0 即可.

示例及练习

1. 将二重积分 $\iint\limits_{D}(x^2+y^2)\mathrm{d}x\mathrm{d}y$（$D$ 为由 x 轴、y 轴以及 $x+y=1$ 所围成的区域）转化为二次积分 $\int_0^1\mathrm{d}x\int_0^{1-x}(x^2+y^2)\mathrm{d}y$ 后，可用以下程序段求出：

```
syms x y;
f = x^2 + y^2;
phi = 0; psi = 1 - x; inty = int(f,y,phi,psi);
a = 0; b = 1; intf = int(inty,x,a,b)
```

试编程求：

(1) $\iint\limits_{D}(x+y)\mathrm{d}x\mathrm{d}y$，其中 D 为由直线 $y=x$，$y=1$ 和 $x=0$ 所围成的区域；

(2) $\iint\limits_{D}xy\mathrm{d}x\mathrm{d}y$，其中 D 为由 $y=\dfrac{1}{x}$，$y=x$ 和 $y=2$ 所围成的区域；

(3) $\iint\limits_{D}\mathrm{e}^{x^2+y^2}\mathrm{d}x\mathrm{d}y$，其中 D 为由 $x^2+y^2=4$ 所围成的区域（提示：用极坐标）.

2. 将三重积分 $\iiint\limits_{\Omega}(x^2+y^2+z^2)\mathrm{d}x\mathrm{d}y\mathrm{d}z$（$\Omega$ 为由三个坐标面以及 $x+y+z=1$ 所围成的区域）转化为三次积分

$$\int_0^1\mathrm{d}x\int_0^{1-x}\mathrm{d}y\int_0^{1-x-y}(x^2+y^2+z^2)\mathrm{d}z$$

后，可用以下程序段求出：

```
syms x y z;
f = x^2 + y^2 + z^2;
z1 = 0; z2 = 1 - x - y; intz = int(f,z,z1,z2);
phi = 0; psi = 1 - x; intzy = int(intz,y,phi,psi);
a = 0; b = 1; intf = int(intzy,x,a,b)
```

试编程求：

(1) $\iiint\limits_{\Omega}(x+y+z)\mathrm{d}x\mathrm{d}y\mathrm{d}z$，其中 Ω 为由平面 $z=x+y$，$z=1$ 和 $x=0$，$y=0$ 所围成的区域；

(2) $\iiint\limits_{\Omega}(x^2+y^2+z)\mathrm{d}x\mathrm{d}y\mathrm{d}z$，其中 Ω 为由曲面 $z=\dfrac{1}{2}(x^2+y^2)$ 与平面 $z=2$ 所围成的区域（提示：利用柱面坐标）.

3. 设 D 为由直线 $x+y=1$ 以及 x 轴和 y 轴所围成的区域. 因 $\iint\limits_{D}\mathrm{e}^{xy}\mathrm{d}x\mathrm{d}y=\int_0^1\mathrm{d}x\int_0^{1-x}\mathrm{e}^{xy}\mathrm{d}y=\int_0^1\dfrac{\mathrm{e}^{x(1-x)}-1}{x}\mathrm{d}x$，而 $\dfrac{\mathrm{e}^{x(1-x)}-1}{x}$ 没有初等函数型原函数，无法用 int 进行积分. 利用 MATLAB 的

dblquad 函数,可对此积分进行数值求解,程序如下①:

```
f = @(x,y)(exp(x.*y).*(x + y <= 1));
dblquad(f,0,1,0,1)
```

一元、二元、三元函数的数值积分函数分别有 quad,dblquad,triplequad 等. 试利用数值积分函数求:

(1) $\iiint\limits_{\Omega}(x+y+z)\mathrm{d}x\mathrm{d}y\mathrm{d}z$,其中 Ω 为由平面 $z=x+y, z=1$ 和 $x=0, y=0$ 所围成的区域;

(2) $\iiint\limits_{\Omega}(x^2+y^2+z)\mathrm{d}x\mathrm{d}y\mathrm{d}z$,其中 Ω 为由曲面 $z=\dfrac{1}{2}(x^2+y^2)$ 与平面 $z=2$ 所围成的区域,并与由 int 函数得到的结果进行比较.

---

① 说明:(1) 由于是数值计算,函数值的计算为逐点运算方式,故在函数的定义中,"x*y"等运算需写为点运算"x.*y";(2) 数值积分函数用于求方形区域上的积分,故对于非方形积分区域,应设定积分区域以外的函数值为 0,故"exp(x.*y).*(x+y<=1)"表示"若 $x+y \leqslant 1$,则函数为 e^{xy},否则为 0".

总习题 10

1. 填空题.

(1) $\iint\limits_{|x|+|y|\leqslant 1} \ln(x^2+y^2)\,dx\,dy$ _____ 0;

(2) 设 D 为 $y=x, x=0$ 和 $y=2$ 所围区域,则 $\iint\limits_{D} f(x,y)\,d\sigma$ 化为累次积分为 _____,_____ 或 _____;

(3) 设 D 为 $x^2+y^2 \geqslant ax$ 和 $x^2+y^2 \leqslant 2ax$ 所围区域,则 $\iint\limits_{D} f(x,y)\,d\sigma$ 化为极坐标系下的累次积分为 _____;

(4) 设 Ω 为 $x+y+z=1$ 和三个坐标面所围区域,则 $\iiint\limits_{\Omega} f(x,y,z)\,dv$ 化为累次积分为 _____.

2. 选择题.

(1) 设 D 为由半圆 $y=\sqrt{1-x^2}$ 与 x 轴所围区域,D_1 是 D 在第一象限的部分,则 $\iint\limits_{D}(xy+\cos x\sin y)\,dx\,dy = (\quad)$;

  A. 0
  B. $2\iint\limits_{D_1}\cos x\sin y\,dx\,dy$
  C. $4\iint\limits_{D_1}(xy+\cos x\sin y)\,dx\,dy$
  D. $2\iint\limits_{D_1}xy\,dx\,dy$

(2) 二次积分 $\int_0^4 dx\int_x^{2\sqrt{x}} f(x,y)\,dy$ 在直角坐标系下的另一种次序的积分为( );

  A. $\int_0^4 dy\int_{\frac{1}{4}y^2}^{y} f(x,y)\,dx$ B. $\int_0^4 dy\int_{-y}^{\frac{1}{4}y^2} f(x,y)\,dx$

  C. $\int_0^4 dy\int_{y}^{\frac{1}{4}y^2} f(x,y)\,dx$ D. $\int_0^4 dy\int_{y}^{y^2} f(x,y)\,dx$

(3) $\iint\limits_{x^2+y^2\leqslant 1} y\ln(x^2+y^2+1)\,d\sigma = (\quad)$;

  A. 0
  B. π
  C. $\dfrac{3\pi}{2}$
  D. $\pi\ln 2$

(4) 设 Ω 为由三个坐标面和 $x+2y+z=1$ 所围成的区域,则 $\iiint\limits_{\Omega} x\,dx\,dy\,dz = (\quad)$;

  A. $\int_0^1 dx\int_0^{\frac{1}{2}} dy\int_0^1 x\,dz$

  B. $\int_0^1 dx\int_0^{\frac{1-x}{2}} dy\int_0^{1-x-2y} x\,dz$

  C. $\int_0^1 dx\int_0^{\frac{1}{2}} dy\int_0^{1-x-2y} x\,dz$

  D. $\int_0^1 dx\int_0^{\frac{1-x-z}{2}} dy\int_0^{1-x-2y} x\,dz$

(5) 球面 $x^2+y^2+z^2=4a^2$ 与柱面 $x^2+y^2=2ax$ 所围成的立体体积为( ).

  A. $4\int_0^{\frac{\pi}{2}} d\theta\int_0^{2a\cos\theta} \sqrt{4a^2-\rho^2}\,d\rho$

B. $8\int_0^{\frac{\pi}{2}} d\theta \int_0^{2a\cos\theta} \rho \sqrt{4a^2 - \rho^2} d\rho$

C. $4\int_0^{\frac{\pi}{2}} d\theta \int_0^{2a\cos\theta} \rho \sqrt{4a^2 - \rho^2} d\rho$

D. $\int_{-\frac{\pi}{2}}^{\frac{\pi}{2}} d\theta \int_0^{2a\cos\theta} \rho \sqrt{4a^2 - \rho^2} d\rho$

3. 求下列积分：

(1) $\int_0^1 dy \int_y^1 x\sin\frac{y}{x} dx$；

(2) $\iint_D e^{\max(x^2,y^2)} dxdy$，其中 $D: 0 \leqslant x \leqslant 1, 0 \leqslant y \leqslant 1$；

(3) $\iint_D \sin\sqrt{x^2+y^2} dxdy$，其中 $D: \pi^2 \leqslant x^2+y^2 \leqslant 4\pi^2$；

(4) $\iint_D x(y+1)dxdy$，其中 D 为 $x^2+y^2 \geqslant 1$ 和 $x^2+y^2 \leqslant 2x$ 的公共区域；

(5) $\iiint_\Omega z\sqrt{x^2+y^2} dv$，其中 Ω 由 $y=\sqrt{2x-x^2}, y=0, z=0$ 和 $z=1$ 所围成；

(6) $\iiint_\Omega \sqrt{x^2+y^2+z^2} dv$，其中 Ω 由 $z=\sqrt{a^2-x^2-y^2}$ 和 $z=\sqrt{x^2+y^2}$ 所围成.

4. 应用题.

(1) 求由曲面 $z=6-x^2-y^2$ 和 $z=\sqrt{x^2+y^2}$ 所围的立体的体积;

(2) 求旋转抛物面 $z=x^2+y^2$ 被 $z=1$ 所割下部分的曲面面积;

(3) 求半径为 R 的均匀半球体的质心;

(4) 设 $F(t)=\iiint\limits_{\Omega_t}f(x^2+y^2+z^2)\mathrm{d}v$,其中 $\Omega_t: x^2+y^2+z^2\leqslant t^2$,$f(u)$ 连续可导且 $f'(0)=1,f(0)=0$,试求 $\lim\limits_{t\to 0^+}\dfrac{F(t)}{t^5}$.

第 11 章 曲线积分

习题 11-1 对弧长的曲线积分

知识提要

1. 对弧长的曲线积分（第一类曲线积分）的形式（以二维为例）：$\int_L P(x,y)\,ds$.

2. $\int_L ds = L$ 的弧长.

3. 弧微分公式.

(1) 平面曲线.

[**核心**] 基本公式：$ds = \sqrt{(dx)^2 + (dy)^2}$；

(a) $L:\begin{cases} x=x(t) \\ y=\psi(t) \end{cases}, ds = \sqrt{(d\varphi(t))^2 + (d\psi(t))^2} = \sqrt{\varphi'^2 + \psi'^2}\,dt$

(b) $L: y=\varphi(x) \to L:\begin{cases} x=x \\ y=\varphi(x) \end{cases}, ds = \sqrt{1+\varphi'^2}\,dx$

(c) $L: \rho=\rho(\theta) \to L:\begin{cases} x=\rho(\theta)\cos\theta \\ y=\rho(\theta)\sin\theta \end{cases}, ds = \sqrt{\rho^2 + \rho'^2}\,d\theta$

(2) 空间曲线 $L:\begin{cases} x=\varphi(t), \\ y=\psi(t), \\ z=\omega(t) \end{cases}, ds = \boxed{\sqrt{(d\varphi(t))^2 + (d\psi(t))^2 + (d\omega(t))^2}}$

$= \sqrt{\varphi'^2 + \psi'^2 + \omega'^2}\,dt$.

4. [**重点，理解**] 第一类曲线积分的求解思路：将曲线方程代入积分中，化为定积分. 如取

$$L:\begin{cases} x=\varphi(t), \\ y=\psi(t) \end{cases} (\alpha \leqslant t \leqslant \beta),$$

则有 $\int_L P(x,y)\,ds = \int_\alpha^\beta P(\varphi(t), \psi(t))\sqrt{\varphi'^2(t) + \psi'^2(t)}\,dt$.

5. 注意：第一类曲线积分化为定积分后，积分上限不可小于下限.

基础题

1. 填空题.

(1) 设 $L:\begin{cases} x=\cos\theta, \\ y=\sin\theta, \end{cases}$ 则 $ds = \sqrt{\underline{\qquad}} = \underline{\qquad}\,d\underline{\ }$；

(2) 设 $L: y=x^2$，则 $ds = \sqrt{\underline{\qquad}} = \underline{\qquad}\,d\underline{\ }$.

2. 选择题.

(1) 设曲线 L 为上半圆周 $(x-x_0)^2 + (y-y_0)^2 = R^2$，则 $\int_L ds = (\quad)$；

　　A. πR　　B. $2\pi R$　　C. πR^2　　D. $2\pi R^2$

(2) 设曲线 L 为以 $O(0,0), A(1,0), B(0,1)$ 为顶点的三角形边界，则 $\int_L (x^2+y)\,ds = (\quad)$.

A. $\int_0^1 y\sqrt{2}\,dy + \int_0^1 (x^2-x+1)\sqrt{2}\,dx$

B. $\int_0^1 x^2\sqrt{2}\,dx + \int_0^1 (x^2-x+1)\sqrt{2}\,dx$

C. $\int_0^1 y\,dy + \int_0^1 x^2\,dx + \int_0^1 (x^2-x+1)\,dx$

D. $\int_0^1 y\,dy + \int_0^1 x^2\,dx + \int_0^1 (x^2-x+1)\sqrt{2}\,dx$

3. 求 $\int_L (x+y)\,ds$,其中 L 为从原点 O 到 $A(1,1)$ 的直线段.

4. 求 $\oint_L x\,ds$,其中 L 为直线 $y=x$ 与抛物线 $y=x^2$ 所围区域的边界.

5. 求 $\int_L (x+y)\,ds$,其中 $L:\begin{cases} x=\cos t, \\ y=\sin t \end{cases} \left(0 \leqslant t \leqslant \dfrac{\pi}{2}\right)$.

提高题

6. 填空题.

(1) 设 $L: r=\cos\theta$,则 $ds=\sqrt{\underline{}} = \underline{}\,d\underline{}$;

(2) 设 $L:\begin{cases} x=\cos\theta, \\ y=\sin\theta, \\ z=\theta, \end{cases}$ 则 $ds=\sqrt{\underline{}} = \underline{}\,d\underline{}$;

(3) 设 $L:\begin{cases} y=x, \\ z=\dfrac{1}{2}x^2, \end{cases}$ 则 $ds=\sqrt{\underline{}} = \underline{}\,d\underline{}$.

7. 选择题.

(1) 设 L 为圆周 $x^2+y^2=a^2$,则曲线积分 $\oint_L (x^2+y^2)\,ds = ($);

A. πa^2 B. $2\pi a^2$ C. πa^3 D. $2\pi a^3$

(2) 设 Γ 为闭合曲线 $\dfrac{x^2}{2}+\dfrac{y^4}{4}=1$,其周长为 L,则曲线积分 $\oint_\Gamma (2x^2+y^4)\,ds = ($).

A. L B. $2L$ C. $4L$ D. $8L$

8. 设 L 是由圆周 $x^2+y^2=R^2$、直线 $y=0$ 及 $y=x$ 在第一象限内所围成的扇形的整个边界,求 $\oint_L e^{\sqrt{x^2+y^2}} ds$.

9. 设 Γ 是点 $(1,-1,2)$ 到点 $(2,1,3)$ 的直线段,求 $\int_\Gamma (x^2+y^2+z^2) ds$.

10. 求 $\int_\Gamma \dfrac{1}{x^2+y^2+z^2} ds$,其中 Γ 为曲线 $x=e^t\cos t$, $y=e^t\sin t$, $z=e^t$ $(0\leqslant t\leqslant 2\pi)$.

综合题

11. 分别用两种不同的方式计算 $\int_L \sqrt{2y^2+z^2} ds$,其中 L 为圆周 $\begin{cases} x^2+y^2+z^2=a^2, \\ x=y. \end{cases}$

12. 设二维曲线 $L: F(x,y)=0$,试推导其弧微分 ds.

思考题

13. 设三维曲线 $L: \begin{cases} F(x,y,z)=0, \\ G(x,y,z)=0, \end{cases}$ 试推导其弧微分 ds.

习题 11-2 对坐标的曲线积分

知识提要

1. 对坐标的曲线积分(第二类曲线积分)的形式(以二维为例):

$$\int_L \boldsymbol{F}(x,y) \cdot \mathrm{d}\boldsymbol{r}, \quad \int_L P(x,y)\mathrm{d}x + Q(x,y)\mathrm{d}y.$$

2. [**重点,理解**] 第二类曲线积分的求解思路:将曲线方程代入积分中,化为定积分.如取 $L: \begin{cases} x=\varphi(t), \\ y=\psi(t) \end{cases} (t: \alpha \to \beta)$,则有

$$\int_L P(x,y)\mathrm{d}x + Q(x,y)\mathrm{d}y$$
$$= \int_\alpha^\beta P(\varphi(t),\psi(t))\mathrm{d}\varphi(t) + Q(\varphi(t),\psi(t))\mathrm{d}\psi(t).$$

3. 第一类曲线积分与第二类曲线积分的区别.

(1) 前者为标量型积分,后者为向量型积分;

(2) 通过变量替换化为定积分后,前者的积分上限不可小于下限,后者与积分曲线的方向有关.

基础题

1. 选择题.

(1) 下列四个积分中,不是第二类曲线积分的是( );

A. $\int_0^\pi \cos x \mathrm{d}x$ B. $\int_L x \mathrm{d}x$

C. $\int_L y \mathrm{d}x$ D. $\int_L y \mathrm{d}x + x \mathrm{d}y$

(2) 下列四个积分中,是第二类曲线积分的是( ).

A. $\int_1^e \ln x \mathrm{d}x$ B. $\iint_D (x^2+y^2)\mathrm{d}x\mathrm{d}y$

C. $\int_L (x^2+y^2)\mathrm{d}s$ D. $\int_L (x^2+y^2)\mathrm{d}x$

2. 计算 $\int_L (x^2+y^2)\mathrm{d}x$,其中 L 为抛物线 $y=x^2$ 上从点 $(0,0)$ 到点 $(1,1)$ 的一段弧.

3. 计算 $\oint_L x\mathrm{d}y$,其中 L 是由坐标轴及直线 $\dfrac{x}{2}+\dfrac{y}{3}=1$ 所构成的三角形边界,方向为逆时针方向.

提高题

4. 计算 $\int_\Gamma x\mathrm{d}x + y\mathrm{d}y + (x+y-1)\mathrm{d}z$，其中 Γ 为点 $(1,1,1)$ 到点 $(2,3,4)$ 的直线段.

5. 计算 $\oint_L (x+y)\mathrm{d}x + (x-y)\mathrm{d}y$，其中 L 为逆时针方向沿椭圆 $\dfrac{x^2}{a^2} + \dfrac{y^2}{b^2} = 1$ 一周的路径.

6. 计算 $\oint_L \dfrac{\mathrm{d}x + \mathrm{d}y}{|x|+|y|}$，其中 L 为以 $A(1,0), B(0,1), C(-1,0), D(0,-1)$ 为顶点的正方形边界，取正向.

综合题

7. 计算 $\int_L -x\cos y\mathrm{d}x + y\sin x\mathrm{d}y$，其中 L 为由点 $A(0,0)$ 到点 $B(2\pi, 4\pi)$ 的直线段.

8. 下列四个积分中，不是第二类曲线积分的是( ).

A. $\int_L x\mathrm{d}x + y\mathrm{d}y$

B. $\int_L (x+y)\mathrm{d}s$

C. $\int_L y\mathrm{d}x + x\mathrm{d}y$

D. $\int_L (x\cos\alpha + y\cos\beta)\mathrm{d}s$（其中 α 与 β 为 L 在 (x,y) 处的切线的方向角）

习题 11-3 Green 公式(a)

知识提要

1. [重点] Green 公式:$\oint_L P\mathrm{d}x + Q\mathrm{d}y = \iint_D \left(\frac{\partial Q}{\partial x} - \frac{\partial P}{\partial y}\right)\mathrm{d}x\mathrm{d}y$,

其中:

(1) D 为分段光滑的闭曲线 L 围成的平面区域;

(2) L(相对于 D)取正向[①];

(3) 二元函数 $P(x,y), Q(x,y)$ 在 D 上具有一阶连续偏导数.

2. [了解] Green 公式的意义:建立了"平面区域上的二重积分"与"其边界曲线上的曲线积分"之间的联系[②].

3. Green 公式的应用之一[③]:$\sigma(D) = \frac{1}{2}\oint_L -y\mathrm{d}x + x\mathrm{d}y$.

基础题

1. 利用 Green 公式,下列曲线积分不表示正向曲线 L 围成的区域面积的为( ).

A. $\oint_L x\mathrm{d}y$

B. $-\oint_L y\mathrm{d}x$

C. $\frac{1}{2}\oint_L x\mathrm{d}y - y\mathrm{d}x$

D. $\frac{1}{2}\oint_L y\mathrm{d}x - x\mathrm{d}y$

2. 设 L 为椭圆 $\frac{x^2}{a^2} + \frac{y^2}{b^2} = 1$(逆时针方向),利用 Green 公式可得 $\oint_L x\mathrm{d}y - y\mathrm{d}x = ($ $).$

A. 0   B. πab C. $2\pi ab$ D. $-2\pi ab$

3. 利用 Green 公式求 $\oint_L y\cos x\mathrm{d}x + (x + \sin x)\mathrm{d}y$,其中 L 为 $|x| + |y| = 1$ 所围区域的正向边界.

4. 利用 Green 公式求 $\oint_L (e^x \sin y - 2y)\mathrm{d}x + (e^x \cos y - 2)\mathrm{d}y$,其中 L 为以 $A(1,0), B(0,1), C(-1,0)$ 为顶点的三角形的正向边界.

[①] 注意边界曲线 L 的方向必须是相对于区域 D 而言,如若 D 在 L 内部,则 L 的正向为逆时针方向;如若 D 在 L 外部,则 L 的正向为顺时针方向.

[②] 注意到二重积分是二维的,曲线积分本质上是一维的,因此 Green 公式建立了二维积分和一维积分之间的联系.

[③] 事实上,利用 Green 公式,只需 $\frac{\partial Q}{\partial x} - \frac{\partial P}{\partial y} = 1$ 即可求面积,因此 $\oint_L x\mathrm{d}y, \oint_L -y\mathrm{d}x$ 等也是可选公式.

提高题

5. 设 L 为圆周 $x^2+y^2=R^2$（顺时针方向），则曲线积分 $\oint_L xy^2\mathrm{d}x-x^2y\mathrm{d}y=(\quad)$.

   A. 0 B. $\int_0^{2\pi}\mathrm{d}\theta\int_0^R 4\rho^3\sin\theta\cos\theta\mathrm{d}\rho$

   C. $\int_0^{2\pi}\mathrm{d}\theta\int_0^R R^2\rho\mathrm{d}\rho$ D. $\int_0^{2\pi}\mathrm{d}\theta\int_0^R \rho^3\mathrm{d}\rho$

6. 利用曲线积分计算星形线 $x=a\cos^3 t,y=a\sin^3 t$ 所围图形的面积.

7. 计算 $\int_L(\mathrm{e}^x\sin y+8y)\mathrm{d}x+(\mathrm{e}^x\cos y-7x)\mathrm{d}y$，其中 L 为圆周 $(x-3)^2+y^2=9$ 从 $O(0,0)$ 到 $A(6,0)$ 的上半部分.

8. 计算 $\int_L(xy^2-y)\mathrm{d}x+x^2y\mathrm{d}y$，其中 L 为沿 $y=x^2-1$ 从 $A(1,0)$ 到 $B(-1,0)$ 的一段弧.

9. 计算曲线积分 $\int_L\left(\mathrm{e}^x\sin 3y-y+\cos\dfrac{x}{2}\right)\mathrm{d}x+\left(3\mathrm{e}^x\cos 3y+2x+\sin\dfrac{y}{2}\right)\mathrm{d}y$，其中 L 为由点 $A(\pi,0)$ 到点 $O(0,0)$ 的曲线段 $y=\sin x$.

10. 设二元函数 $P(x,y),Q(x,y),U(x,y)$ 在平面区域 D 上

具有一阶连续偏导数，L 为 D 的正向边界，证明：

$$\iint_D \left(P\frac{\partial U}{\partial x} + Q\frac{\partial U}{\partial y}\right)dxdy = \oint_L U(Pdy - Qdx) - \iint_D U\left(\frac{\partial P}{\partial x} + \frac{\partial Q}{\partial y}\right)dxdy.$$

$\left(\text{提示：对} \oint_L U(Pdy - Qdx) \text{利用 Green 公式.}\right)$

思考题

11. 设 L 为从 $A(1,2)$ 到 $B(3,4)$ 的某曲线段，它与其上方的直线段 $\overline{AB}$ 所围成的面积为 m.

(1) 试计算 $\int_L (2xe^y + 1)dx + (x^2 e^y + x)dy$ 的值；

(2) 计算中如何避免分部积分？（套用某些积分结果的做法除外.）

12. 计算 $\int_L 2y^2 dx + (x^2 + 2xy)dy$，其中 L 为上半椭圆 $\frac{x^2}{a^2} + \frac{y^2}{b^2} = 1 (y \geq 0)$（逆时针方向）$\left(\text{提示：令} \frac{x}{a} = \xi, \frac{y}{b} = \eta, \text{利用 Green 公式后,再用极坐标将其化为} 2ab\int_0^\pi (a\cos\theta - b\sin\theta)d\theta \int_0^1 \rho^2 d\rho\right).$

习题 11-4 Green 公式(b)

知识提要

1. 设 $P(x,y), Q(x,y)$ 在单连通区域 G 内具有一阶连续偏导数，l 与 L 分别为 G 内任意的分段光滑曲线和闭曲线，则下列四个条件等价：

(1) $\dfrac{\partial Q}{\partial x} = \dfrac{\partial P}{\partial y}$；

(2) $\oint_L P\mathrm{d}x + Q\mathrm{d}y = 0$；

(3) $\int_l P\mathrm{d}x + Q\mathrm{d}y$ 与积分路径无关，只与起点和终点有关；

(4) 存在 $u(x,y)$，使得 $\mathrm{d}u = P\mathrm{d}x + Q\mathrm{d}y$（即 $P\mathrm{d}x + Q\mathrm{d}y$ 有原函数 u，或 $P\mathrm{d}x + Q\mathrm{d}y$ 是 u 的全微分）.

2. $\dfrac{\partial Q}{\partial x} = \dfrac{\partial P}{\partial y}$ 时，利用积分与路径无关，可得求 $P\mathrm{d}x + Q\mathrm{d}y$ 的原函数 u 的公式：

$$u\Big|_{(x_0,y_0)}^{(x,y)} = \int_{(x_0,y_0)}^{(x,y)} \mathrm{d}u = \int_{(x_0,y_0)}^{(x,y)} P\mathrm{d}x + Q\mathrm{d}y =$$

$$\begin{cases} \int_{(x_0,y_0)}^{(x,y_0)} P\mathrm{d}x + \int_{(x,y_0)}^{(x,y)} Q\mathrm{d}y = \int_{x_0}^{x} P(x,y_0)\mathrm{d}x + \int_{y_0}^{y} Q(x,y)\mathrm{d}y, \\ \int_{(x_0,y_0)}^{(x_0,y)} Q\mathrm{d}y + \int_{(x_0,y)}^{(x,y)} P\mathrm{d}x = \int_{x_0}^{x} P(x,y)\mathrm{d}x + \int_{y_0}^{y} Q(x_0,y)\mathrm{d}y. \end{cases}$$

基础题

1. 选择题.

(1) 设 $P(x,y), Q(x,y)$ 在单连通区域 G 内具有一阶连续偏导数，l 为 G 内任意的分段光滑曲线，则 $\int_l P\mathrm{d}y - Q\mathrm{d}x$ 与积分路径无关的充要条件为（   ）；

A. $\dfrac{\partial P}{\partial x} = \dfrac{\partial Q}{\partial y}$ \qquad B. $\dfrac{\partial P}{\partial y} = \dfrac{\partial Q}{\partial x}$

C. $\dfrac{\partial P}{\partial x} + \dfrac{\partial Q}{\partial y} = 0$ \qquad D. $\dfrac{\partial P}{\partial y} + \dfrac{\partial Q}{\partial x} = 0$

(2) 曲线积分 $\int_L kx\mathrm{e}^y \mathrm{d}x + x^2 \mathrm{e}^y \mathrm{d}y$ 在整个 xOy 平面内与路径无关，则 $k = $（   ）；

A. -1 \qquad B. 1 \qquad C. -2 \qquad D. 2

(3) $\int_{(0,1)}^{(1,0)} (2x-y)\mathrm{d}x + (2y-x)\mathrm{d}y = $（   ）.

A. -1 \qquad B. 0 \qquad C. 1 \qquad D. 2

2. 填空题.

(1) 设 L 为星形线 $x^{\frac{2}{3}} + y^{\frac{2}{3}} = a^{\frac{2}{3}}$（逆时针方向），则 $\oint_L (3x^2 \sin y + x)\mathrm{d}x + (x^3 \cos y - y)\mathrm{d}y = $ _____；

(2) 已知 $\mathrm{e}^{ax^2}(xy\mathrm{d}x + \mathrm{d}y)$ 为某个二元函数的全微分，则 $a = $ _____.

3. 设 L 为从 $A(1,1)$ 到 $B(2,3)$ 的任意弧段,验证曲线积分 $\int_L y\mathrm{d}x+x\mathrm{d}y$ 与路径无关,并求其值.

提高题

4. 选择题.

(1) 已知 $\dfrac{(x+ay)\mathrm{d}x+y\mathrm{d}y}{(x+y)^2}$ 为某个函数的全微分,则 $a=$ (   );

　　A. -1　　　B. 0　　　C. 1　　　D. 2

(2) 已知 $F(x,y)$ 在整个 xOy 平面内具有一阶连续偏导数,且 $F(x,y)(y\mathrm{d}x+x\mathrm{d}y)$ 为某个函数的全微分,则(   );

　　A. $\dfrac{\partial F}{\partial x}=\dfrac{\partial F}{\partial y}$　　　B. $-x\dfrac{\partial F}{\partial x}=y\dfrac{\partial F}{\partial y}$

　　C. $x\dfrac{\partial F}{\partial x}=y\dfrac{\partial F}{\partial y}$　　　D. $y\dfrac{\partial F}{\partial x}=x\dfrac{\partial F}{\partial y}$

(3) 已知 $\mathrm{d}u=(3x-2y)\mathrm{d}x+(3y-2x)\mathrm{d}y$ 且 $u(0,0)=-1$,则 $u(1,1)=$ (   ).

　　A. 0　　　B. 1　　　C. 2　　　D. 3

5. 计算曲线积分 $\int_L (x+y)\mathrm{d}x+(x-y)\mathrm{d}y$,其中 L 为曲线 $y=\ln[1+(\mathrm{e}-1)x]$ 从点 $O(0,0)$ 到 $A(1,1)$ 的弧段.

6. 设 $f(u)$ 连续可导,证明沿任意分段光滑闭曲线 L,有
$$\oint_L f(xy)(y\mathrm{d}x+x\mathrm{d}y)=0.$$

7. 若 $\mathrm{d}u=(2x-y)\mathrm{d}x+(2y-x)\mathrm{d}y$,则 $u(x,y)=$ _____.

8. 求全微分 $(2x\cos y-y^2\sin x)\mathrm{d}x+(2y\cos x-x^2\sin y)\mathrm{d}y$ 的原函数.

综合题

9. 下列命题中正确的是（　　）.

   A. 曲线积分 $\int_L (\sin^3 x - y)dx - (x + \sin^2 y)dy$ 在全平面与路径无关

   B. 曲线积分 $\int_L \dfrac{-y}{x^2+y^2}dx + \dfrac{x}{x^2+y^2}dy$ 在全平面与路径无关

   C. 设 $f(u)$ 连续可导，则 $\int_L \dfrac{1}{x^2} f\left(\dfrac{y}{x}\right)(xdy - ydx)$ 在全平面与路径无关

   D. 在某平面区域 D 内，设函数 $P(x,y)$, $Q(x,y)$ 有连续的一阶偏导数，且 $\dfrac{\partial Q}{\partial x} = \dfrac{\partial P}{\partial y}$，则积分 $\int_L Pdx + Qdy$ 与路径无关

10. 设 $A(0,1), B(-1,1), C(0,-1), D(1,2)$, L 由弧 $\overset{\frown}{AB}$ 及折线 BCD 组成，$f'(y)$ 连续. 验证

$$\int_L [f(y)\cos x - 2y]dx + [f'(y)\sin x - 2x]dy$$

与积分路径无关，并求其值.

11. 设曲线积分 $\int_L xy^2 dx + y\varphi(x)dy$ 与路径无关，其中 $\varphi(x)$ 连续可导且 $\varphi(0) = 0$，求 $\varphi(x)$ 和 $\int_{(0,0)}^{(1,1)} xy^2 dx + y\varphi(x)dy$.

思考题

12. 计算曲线积分 $\int_L (e^y + x)dx + (xe^y - 2y)dy$，其中 L 为某圆周上分别以 $O(0,0)$ 和 $B(1,2)$ 为起点和终点，且经过 $A(0,1)$ 的圆弧.

13. 设 $I = \int_L e^x(\cos y \, dx - \sin y \, dy)$，其中 L 为从 $O(0,0)$ 到 $M(a,b)$ 的某弧段.

(1) 验证该积分与积分路径无关；

(2) 设 L 为直线段 $\overline{OM}$，求 I；

(3) 设 $N(a,0)$，L 为折线 ONM，求 I；

(4) 比较(2)(3)两条路径的计算复杂度和难度.

习题 11-P 程序实现

知识提要

将曲线积分转化为定积分,并利用 MATLAB 求解.

示例及练习

1. 将第一类曲线积分 $\int_L xy\,\mathrm{d}s(L: y=x^2, x\in[0,\sqrt{2}])$ 转化为定积分 $\int_0^{\sqrt{2}} x^3\sqrt{1+4x^2}\,\mathrm{d}x$ 后,可用以下两个程序段求出:

syms x; int(x^3 * sqrt(1 + 4 * x^2), x,0,sqrt(2))	f = @(x)(x.^3. * sqrt(1 + 4 * x.^2)); quad(f,0,sqrt(2))

(1) 试编程求 $\int_L (x+y)\,\mathrm{d}s$,其中 L 为:

(a) 从原点 O 到 $A(1,1)$ 的直线段;

(b) $\begin{cases} x=\cos t, \\ y=\sin t, \end{cases} 0 \leqslant t \leqslant \dfrac{\pi}{2}$;

(2) 试编程求椭圆 $\dfrac{x^2}{4}+\dfrac{y^2}{9}=1$ 的周长.

2. 将第二类曲线积分 $\int_L x\,\mathrm{d}x + y\,\mathrm{d}y(L: y=x^2, x:0\to 1)$ 转化为定积分 $\int_0^1 (x+2x^3)\,\mathrm{d}x$ 后,可用以下程序段求出:

syms x; int(x + 2 * x^3,x,0,1)	f = @(x)(x + 2 * x.^3); quad(f,0,1)

(1) 试编程求 $\int_L (x+y)\,\mathrm{d}x + (x-y)\,\mathrm{d}y$,其中 L 为 $\begin{cases} x=\cos t, \\ y=\sin t, \end{cases} t: 0 \to \dfrac{\pi}{2}$;

(2) 试编程求 $\int_L e^{\frac{x^2+y^2}{2}}\,\mathrm{d}x$,其中 L 为从原点 O 到 $A(1,1)$ 的直线段.

总习题 11

1. 选择题.

(1) 下列四个积分中,是第一类曲线积分的为( ),是第二类曲线积分的为( );

　　A. $\int f(x)dx$　　　　B. $\int_0^{\pi} f(x)dx$

　　C. $\int_L f(x)ds$　　　D. $\int_L f(x)dx$

(2) 设曲线 L 为上半圆周 $y=\sqrt{1-x^2}(-1\leqslant x\leqslant 1)$,则 $\int_L xds=(\quad)$, $\int_L yds=(\quad)$;

　　A. 0　　B. 2　　C. $\dfrac{\pi}{2}$　　D. 2π

(3) 设曲线 L 为从 $(-1,0)$ 到 $(1,0)$ 的上半圆周 $y=\sqrt{1-x^2}$,则 $\int_L xdx=(\quad)$, $\int_L ydx=(\quad)$;

　　A. 0　　B. 2　　C. $\dfrac{\pi}{2}$　　D. 2π

(4) 设 Γ 为椭圆 $\dfrac{x^2}{9}+\dfrac{y^2}{4}=1$,其周长为 L,则曲线积分 $\oint_\Gamma (4x^2+9y^2)ds=(\quad)$.

　　A. $6L$　　B. 6　　C. $36L$　　D. 36

2. 填空题.

(1) 设曲线 L 为由 x 轴、y 轴和 $x+y=1$ 所围区域的边界,则 $\int_L ds = \underline{\qquad}$;

(2) 用梯度 $\operatorname{grad} f = \dfrac{\partial f}{\partial x}\boldsymbol{i}+\dfrac{\partial f}{\partial y}\boldsymbol{j}$ 和 $d\boldsymbol{s}=(dx,dy)$ 将 $\int_L \dfrac{\partial f}{\partial x}dx+\dfrac{\partial f}{\partial y}dy$ 表示成向量形式为 $\underline{\qquad}$.

3. 计算题.

(1) 求 $\int_\Gamma \dfrac{1}{x^2}ds$,其中 Γ 为曲线段 $x=\cos t, y=\sin t, z=t\left(t\in\left[0,\dfrac{\pi}{4}\right]\right)$;

(2) 计算 $\int_L \sqrt{x^2+y^2}ds$,其中 L 是圆 $x^2+y^2=ax(a>0)$;

(3) 已知点 $A(1,0)$ 和 $B(0,1)$,计算 $\int_L xy^2dy-x^2ydx$,其中 L 为:

(a) 从 A 到 B 的直线段;

(b) $x^2+y^2=1$ 在第一象限从 A 到 B 的圆弧；

(4) 计算 $\int_L (2+2xy^2-y^2\cos x)dx+(2x-2y\sin x+2x^2y)dy$，其中 L 为沿 $y=1-|x|$ 从 $(-1,0)$ 到 $(1,0)$ 的折线段；

(5) 计算 $\int_L [e^x\sin y-b(x+y)]dx+(e^x\cos y-ax)dy$，其中 a,b 为正常数，L 为从 $A(2a,0)$ 沿曲线 $y=\sqrt{2ax-x^2}$ 到点 $O(0,0)$ 的弧；

(6) 求全微分 $(x^2+2xy-y^2)dx+(x^2-2xy-y^2)dy$ 的原函数；

(7) 若 $ydx+x\varphi(x)dy$ 在右半平面 $(x>0)$ 内为某函数 $u(x,y)$ 的全微分，其中 $\varphi(x)$ 可微且 $\varphi(1)=2$，求函数 $u(x,y)$；

(8) 计算 $\oint_L \dfrac{(x-y)dx+(x+y)dy}{x^2+y^2}$，其中 L 为任意不通过原点 O 的简单光滑曲线（逆时针方向）；

(9) 设 Γ 为平面区域 D 的正向边界,二元函数 $P(x,y), Q(x,y), U(x,y)$ 在 D 上具有一阶连续偏导数,且 $P(x,y) \neq 0, Q(x,y) \neq 0$,试证明:

$$\iint_D \left(\frac{1}{P} \cdot \frac{\partial U}{\partial x} + \frac{1}{Q} \cdot \frac{\partial U}{\partial y}\right) dx dy$$
$$= \oint_\Gamma U\left(\frac{dy}{P} - \frac{dx}{Q}\right) + \iint_D U\left(\frac{1}{P^2} \cdot \frac{\partial P}{\partial x} + \frac{1}{Q^2} \cdot \frac{\partial Q}{\partial y}\right) dx dy;$$

(10) 确定常数 k 使向量场 $\mathbf{A} = (e^x \sin y + e^y \sin x)\mathbf{i} + (e^x \cos y + k e^y \cos x)\mathbf{j}$ 在全平面为某个二元函数 $u(x,y)$ 的梯度场,求满足 $u\left(\frac{\pi}{2}, 0\right) = 0$ 的二元函数 $u(x,y)$ $\Big($提示:梯度场即梯度,$\mathbf{A} = \nabla u = \frac{\partial u}{\partial x}\mathbf{i} + \frac{\partial u}{\partial y}\mathbf{j}\Big)$.

4. 应用题.

(1) 设曲线段 $L: x = a, y = at, z = \frac{1}{2}at^2 (0 \leqslant t \leqslant 1, a > 0)$ 的线密度为 $\rho = \sqrt{\frac{2z}{a}}$,求其质量. $\Big($提示:$m = \int_L \rho ds\Big)$;

(2) 设圆柱螺旋线(弹簧)$\Gamma: \begin{cases} x = a\cos t, \\ y = a\sin t, \\ z = bt \end{cases}$ 的线密度为 $\rho = x^2 + y^2 + z^2$,当 t 的取值从 0 到 2π 时为弹簧的第一圈,从 2π 到 4π 时为第二圈,求弹簧第二圈的质量;

(3) 一个物体受力 $\boldsymbol{F}=(e^x\sin y-4y, e^x\cos y-x)$ 作用,沿圆周 $y=-\sqrt{1-x^2}$ 从点 $A(-1,0)$ 移动到 $B(1,0)$,求力 $\boldsymbol{F}$ 所做的功 $\left(\text{提示}: W=\int_L \boldsymbol{F}\cdot \mathrm{d}\boldsymbol{s}\right)$;

(4) 设在上半平面 $(y>0)$ 内有力 $\boldsymbol{F}=\dfrac{1+y^2 f(xy)}{y}\boldsymbol{i}+\dfrac{x(y^2 f(xy)-1)}{y^2}\boldsymbol{j}$ 构成力场,其中 $f(u)$ 在 $(-\infty,+\infty)$ 内连续可导,证明:场力所做的功与所取的路径无关.

第 12 章　曲面积分

习题 12-1　对面积的曲面积分

知识提要

1. 对面积的曲面积分(第一类曲面积分)的形式：

$$\iint_\Sigma P(x,y,z)\,dS.$$

2. 面积微元公式：$dS=\sqrt{1+z_x^2+z_y^2}\,dxdy.$

3. [**重点,理解**] 第一类曲面积分的求解思路：(当 Σ 在某平面 σ 的投影 D 无重叠时) 将曲面方程代入积分，化为 D 上的二重积分. 如：$\Sigma: z=\varphi(x,y)((x,y)\in D)$ 时，

$$\iint_\Sigma P(x,y,z)\,dS=\iint_D P(x,y,\varphi(x,y))\sqrt{1+\varphi_x^2+\varphi_y^2}\,dxdy.$$

基础题

1. 计算 $\iint_\Sigma \left(2x+\dfrac{4}{3}y+z\right)dS$，其中 Σ 为平面 $\dfrac{x}{2}+\dfrac{y}{3}+\dfrac{z}{4}=1$ 在第一卦限中的部分.

2. 计算 $\iint_\Sigma (x^2+y^2)\,dS$，其中 Σ 为曲面 $z=\sqrt{x^2+y^2}$ 与平面 $z=1$ 所围成的立体的表面.

提高题

3. 设 Σ 为锥面 $z=\sqrt{x^2+y^2}$ 在柱体 $x^2+y^2\leqslant 2x$ 内的部分，求曲面积分 $\iint_\Sigma z\,dS$.

4. 计算 $\iint_\Sigma (x^2+y^2)\,dS$，其中 Σ 为球面 $x^2+y^2+z^2=a^2$.

思考题

5. 计算 $\iint_\Sigma (x+y+z)\,dS$，其中 Σ 为上半球面 $z=\sqrt{a^2-x^2-y^2}$.

习题 12-2 对坐标的曲面积分

知识提要

1. 对坐标的曲面积分（第二类曲面积分）的形式：
$$\iint\limits_{\Sigma} P(x,y,z)\mathrm{d}y\mathrm{d}z + Q(x,y,z)\mathrm{d}z\mathrm{d}x + R(x,y,z)\mathrm{d}x\mathrm{d}y.$$

2. 面积微元的转化（以 $\mathrm{d}x\mathrm{d}y\big|_{\Sigma}$ 为例）：当 Σ 在坐标面 xOy 上的投影 D_{xy} 无重叠，且 $\boldsymbol{n}_{\Sigma}\cdot\boldsymbol{k}(\boldsymbol{k}=(0,0,1))$①恒号时，
$$\mathrm{d}x\mathrm{d}y\big|_{\Sigma} = \begin{cases} \mathrm{d}x\mathrm{d}y, & \boldsymbol{n}_{\Sigma}\cdot\boldsymbol{k} > 0, \\ -\mathrm{d}x\mathrm{d}y, & \boldsymbol{n}_{\Sigma}\cdot\boldsymbol{k} < 0 \end{cases} = \mathrm{sgn}(\boldsymbol{n}_{\Sigma}\cdot\boldsymbol{k})\mathrm{d}x\mathrm{d}y.$$

3. [重点，理解] 第二类曲面积分的求解思路（以 $\iint\limits_{\Sigma} R(x,y,z)\mathrm{d}x\mathrm{d}y$ 为例）：将曲面方程代入积分，化为 D_{xy} 上的二重积分，Σ：$z=\varphi(x,y)((x,y)\in D_{xy})$ 且 $\boldsymbol{n}_{\Sigma}\cdot(0,0,1)$ 恒小于 0 时，
$$\iint\limits_{\Sigma} R(x,y,z)\mathrm{d}x\mathrm{d}y = -\iint\limits_{D_{xy}} R(x,y,\varphi(x,y))\mathrm{d}x\mathrm{d}y.$$

基础题

1. 选择题.

(1) 设 Σ 是平面 $x+y+2z=1$ 的下侧，$\mathrm{d}x\mathrm{d}y\big|_{\Sigma}=k\mathrm{d}x\mathrm{d}y$，则 $k=(\quad)$；

　A. 1　　　B. -1　　　C. 2　　　D. -2

(2) 设 Σ 是椭球面 $\dfrac{x^2}{8}+y^2+\dfrac{z^2}{2}=1$ 的内侧在第一卦限的部分，$P(2,0,1)$ 为 Σ 上一点，$\mathrm{d}y\mathrm{d}z\big|_{P}=k\mathrm{d}y\mathrm{d}z$，则 $k=(\quad)$.

　A. 1　　　B. -1　　　C. $\dfrac{1}{2}$　　　D. $-\dfrac{1}{2}$

2. 设 Σ 是平面 $x+y+z=3$ 被三坐标平面截下的部分的上侧，求：

(1) $\iint\limits_{\Sigma} yz\mathrm{d}x\mathrm{d}y$;

(2) $\iint\limits_{\Sigma} x\mathrm{d}y\mathrm{d}z$;

---

① $\boldsymbol{n}_{\Sigma}$ 为 Σ 上某点处的法向量，$\boldsymbol{k}$ 为 xOy 面的单位正法向量；$\boldsymbol{n}_{\Sigma}\cdot\boldsymbol{k}$ 的符号是否为正，或者 $\boldsymbol{n}_{\Sigma}$ 与 $\boldsymbol{k}$ 的夹角是否为锐角，意味着 Σ 与 xOy 面正向的朝向是否一致.

(3) $\iint\limits_{\Sigma}(x+y)\mathrm{d}z\mathrm{d}x$.

提高题

3. 设 Σ 是平面 $z=2\,(x^2+y^2\leqslant 4)$ 的下侧，则 $\iint\limits_{\Sigma}\sin x\mathrm{d}y\mathrm{d}z+\cos y\mathrm{d}z\mathrm{d}x+\arctan\dfrac{z}{2}\mathrm{d}x\mathrm{d}y=$ _____ .

4. 设 Σ 是半球面 $z=\sqrt{1-x^2-y^2}$ 的上侧，求 $\iint\limits_{\Sigma}yz\mathrm{d}z\mathrm{d}x$.

思考题

5. 把 $\iint\limits_{\Sigma}P(x,y,z)\mathrm{d}y\mathrm{d}z+Q(x,y,z)\mathrm{d}z\mathrm{d}x+R(x,y,z)\mathrm{d}x\mathrm{d}y$ 化为对面积的曲面积分，其中 Σ 为上半球面 $z=\sqrt{1-x^2-y^2}$ 的上侧.

习题 12-3 Gauss 公式和散度

知识提要

1. 散度（Divergence）：$\text{div}(P,Q,R) = P_x + Q_y + R_z$ 或 $\text{div}\boldsymbol{F} = \nabla \cdot \boldsymbol{F}$.

2. [**重点**] Gauss 公式[①]：$\oiint\limits_{\Sigma} P\mathrm{d}y\mathrm{d}z + Q\mathrm{d}z\mathrm{d}x + R\mathrm{d}x\mathrm{d}y = \iiint\limits_{\Omega}(P_x + Q_y + R_z)\mathrm{d}x\mathrm{d}y\mathrm{d}z$，其中：

(1) Ω 为分片光滑的闭曲面 Σ 围成的立体区域；

(2) Σ（相对于 Ω）取外侧；

(3) 三元函数 $P(x,y,z), Q(x,y,z), R(x,y,z)$ 在 Ω 上具有一阶连续偏导数.

注：Gauss 公式可结合 Green 公式记忆.

3. [**了解**] Gauss 公式的意义：建立了"立体区域上的三重积分"与"其边界曲面上的曲面积分"之间的联系.

基础题

1. 求向量场 $\boldsymbol{F} = (xy, yz, xz)$ 的散度.

2. 求 $\oiint\limits_{\Sigma}(x\cos\alpha + y\cos\beta + z\cos\gamma)\mathrm{d}S$，其中 Σ 是由 $z = x^2 + y^2$，$z = 4$ 所围立体的外表面，$\cos\alpha, \cos\beta, \cos\gamma$ 是 Σ 外法线方向的方向余弦.

3. 求 $\oiint\limits_{\Sigma} x^3 \mathrm{d}y\mathrm{d}z + y^2 \mathrm{d}z\mathrm{d}x + z\mathrm{d}x\mathrm{d}y$，其中 Σ 是 $x^2 + y^2 = 4, z = 1, z = 2$ 所围立体的内表面.

提高题

4. 求向量场 $\boldsymbol{F} = (x^y, \arctan e^{xy}, \ln(1+yz))$ 的散度.

---

① 或 $\oiint\limits_{\Sigma} \boldsymbol{F} \cdot \mathrm{d}\boldsymbol{S} = \boxed{\oiint\limits_{\Sigma} \boldsymbol{F} \cdot \boldsymbol{n}° \mathrm{d}S} = \iiint\limits_{\Omega} \text{div}\boldsymbol{F}\mathrm{d}v$，其中 $\mathrm{d}\boldsymbol{S} = (\mathrm{d}y\mathrm{d}z, \mathrm{d}z\mathrm{d}x, \mathrm{d}x\mathrm{d}y)$，$\boldsymbol{n}°$ 为 Σ 在某点处的单位外法向量.

5. 求 $\iint\limits_{\Sigma} yz\,dzdx + 2\,dxdy$，其中 Σ 是球面 $x^2+y^2+z^2 \leqslant 4$ 的外侧在 $z \geqslant 0$ 的部分.

6. 求 $\oiint\limits_{\Sigma} x^2\,dydz + y^2\,dzdx + z^2\,dxdy$，其中 Σ 为曲面 $z=\sqrt{1-x^2-y^2}$ 和 $z=\sqrt{x^2+y^2}$ 所围立体的外表面.

综合题

7. 设 $u = \dfrac{x^2+y^2+z^2}{6}$，空间立体 Ω 的全表面 Σ 分片光滑，$\boldsymbol{n}$ 为 Σ 的外法向量. 试证：Ω 的体积 $V = \iint\limits_{\Sigma} \dfrac{\partial u}{\partial \boldsymbol{n}}\,dS$.

8. 求 $\boldsymbol{F}=(xy, y^2, 3)$ 穿过曲面 $z = 2-x^2-y^2\,(x^2+y^2 \leqslant 2)$ 的通量（曲面法向量向上）$\left(\text{提示：通量}\iint\limits_{\Sigma} \boldsymbol{F} \cdot d\boldsymbol{S}\right)$.

思考题

9. 求 $\iint\limits_{\Sigma} \dfrac{ax\,dydz + (a+z)^2\,dxdy}{\sqrt{x^2+y^2+z^2}}$，其中 Σ 为下半球面 $z = -\sqrt{a^2-x^2-y^2}$ 的上侧.

习题 12-4 Stokes 公式和旋度

知识提要

1. 旋度(Rotation)：$\text{rot}(P,Q,R) = \begin{vmatrix} \boldsymbol{i} & \boldsymbol{j} & \boldsymbol{k} \\ \partial_x & \partial_y & \partial_z \\ P & Q & R \end{vmatrix}$ 或 $\text{rot}\boldsymbol{F} = \nabla \times \boldsymbol{F}$.

2. [**重点**] Stokes 公式：

$$\oint_\Gamma P\mathrm{d}x + Q\mathrm{d}y + R\mathrm{d}z = \iint_\Sigma \left(\frac{\partial R}{\partial y} - \frac{\partial Q}{\partial z}\right)\mathrm{d}y\mathrm{d}z + \left(\frac{\partial P}{\partial z} - \frac{\partial R}{\partial x}\right)\mathrm{d}z\mathrm{d}x +$$

$$\left(\frac{\partial Q}{\partial x} - \frac{\partial P}{\partial y}\right)\mathrm{d}x\mathrm{d}y$$

$$\stackrel{记为}{=} \iint_\Sigma \begin{vmatrix} \cos\alpha & \cos\beta & \cos\gamma \\ \partial_x & \partial_y & \partial_z \\ P & Q & R \end{vmatrix} \mathrm{d}S \stackrel{简记}{=} \iint_\Sigma \begin{vmatrix} \boldsymbol{n}° \\ \nabla \\ \boldsymbol{F} \end{vmatrix} \mathrm{d}S^{①},$$

其中：

(1) Σ 为分片光滑曲面，Γ 为其边界；

(2) Γ(相对于 Σ)取正向；

(3) $P(x,y,z),Q(x,y,z),R(x,y,z)$ 在包含 Σ 的某空间区域内具有一阶连续偏导数.

3. Green 公式与 Stokes 公式的关系：

(1) 当 Σ 为某坐标面上的二维平面区域时，Stokes 公式可简化为 Green 公式；

(2) 对于所涉及的线和面，Green 公式对应二维曲线和二维平面，Stokes 公式对应三维曲线和三维曲面.

4. [**了解**] Stokes 公式的意义：建立了"曲面积分"与"其边界曲线上的曲线积分"之间的联系.

基础题

1. L 为曲线 $\begin{cases} z = \sqrt{x^2+y^2}, \\ z = 1, \end{cases}$ 从 z 轴的正方向看 L 沿顺时针方向. 求 $\oint_L (y-z)\mathrm{d}x + (z-x)\mathrm{d}y + (x-y)\mathrm{d}z$.

2. L 是闭折线 $ABCA$，其中 $A(1,0,0), B(0,1,0), C(0,0,1)$. 求 $\oint_L z\mathrm{d}x + x\mathrm{d}y + y\mathrm{d}z$.

---

① 或 $\oint_\Gamma \boldsymbol{F} \cdot \mathrm{d}\boldsymbol{r} = \iint_\Sigma \nabla \times \boldsymbol{F} \cdot \boldsymbol{n}° \mathrm{d}S = \boxed{\iint_\Sigma \nabla \times \boldsymbol{F} \cdot \mathrm{d}\boldsymbol{S}} = \iint_\Sigma \text{rot}\boldsymbol{F} \cdot \mathrm{d}\boldsymbol{S}$，其中 $\mathrm{d}\boldsymbol{r} = (\mathrm{d}x, \mathrm{d}y, \mathrm{d}z)$，$\nabla$ 为梯度算子，$\mathrm{d}\boldsymbol{S} = (\mathrm{d}y\mathrm{d}z, \mathrm{d}z\mathrm{d}x, \mathrm{d}x\mathrm{d}y)$.

提高题

3. 设 $\mathbf{A}=(x^2y, y^2z, z^2x)$，求：

(1) div$\mathbf{A}$；

(2) $\nabla(\text{div}\mathbf{A})$；

(3) rot$\mathbf{A}$.

4. 设曲线 L：$\begin{cases} z=x^2+y^2, \\ x+y+z=1, \end{cases}$ 从 z 轴的正方向看 L 沿逆时针方向．求 $\oint_L xy\,\mathrm{d}x + yz\,\mathrm{d}y + zx\,\mathrm{d}z$.

综合题

5. L 为曲线 $\begin{cases} x^2+y^2=1, \\ y+\dfrac{z}{2}=1, \end{cases}$ 从 y 轴的正方向看 L 沿逆时针方向．求 $\oint_L x^2y\,\mathrm{d}x + yz^2\,\mathrm{d}y + zx\,\mathrm{d}z$.

6. 求向量场 $\mathbf{A}=(z,x,y)$ 沿闭曲线 L：$\begin{cases} z=x^2+y^2, \\ z=4 \end{cases}$（从 z 轴的正方向看 L 沿逆时针方向）的环量 $\left(\text{提示：环量}\oint_L \mathbf{A}\cdot\mathrm{d}\mathbf{r}\right)$.

习题 12-P 程序实现

知识提要

1. 将曲面积分转化为二重积分,并利用 MATLAB 求解.
2. divergence.

   (1) divergence([P,Q,R],[x,y,z]):向量场 (P,Q,R) 关于自变量 x,y,z 的散度函数;

   (2) divergence(X,Y,Z,P,Q,R):三维点阵 (X,Y,Z) 处的向量场 (P,Q,R) 的数值散度.

3. curl.

   (1) curl([P,Q,R],[x,y,z]):向量场 (P,Q,R) 关于自变量 x,y,z 的旋度;

   (2) curl(X,Y,Z,P,Q,R):三维点阵 (X,Y,Z) 处的向量场 (P,Q,R) 的数值旋度和角速度.

示例及练习

1. 编程计算第一类曲面积分 $\iint\limits_{\Sigma}(x^2+y^2)\mathrm{d}S$,其中 Σ 为球面 $x^2+y^2+z^2=R^2$ 的上半部分.(提示:先转化为二重积分,再利用极坐标化为二次积分,再利用 int 函数求解.)

2. 编程计算第二类曲面积分 $\iint\limits_{\Sigma}yz\mathrm{d}z\mathrm{d}x$,其中 Σ 为上半球面 $z=\sqrt{1-x^2-y^2}$ 的上侧.(提示:先转化为二重积分,再利用极坐标化为二次积分,再利用 int 函数求解.)

3. 下列程序段可用于求向量场 $\boldsymbol{F}=\{xy,yz,xz\}$ 的散度和旋度.

```
symsx y z;
F = [x*y,y*z,z*x]; X = [x,y,z];
fprintf('散度:'); div = divergence(F,X)
fprintf('旋度:'); rot = curl(F,X)
```

试编程求向量场 $\{x^2y,y^2z,z^2x\}$ 的散度和旋度.

4. 下列程序段可用于求向量场 $\boldsymbol{F}=\{xy,yz,xz\}$ 在平面 $x,y\in[-1,1],z=1$ 上的数值散度和旋度,并画出图形.

```
x = linspace(-1,1,201); y = x;
z = [1,1.01]; % 为使P,Q,R为三维数组,z取两个值;后面只保留需
要的部分
[X,Y,Z] = meshgrid(x,y,z);
P = X.*Y; Q = Y.*Z; R = Z.*X;
div = divergence(X,Y,Z,P,Q,R);
[rotx,roty,rotz] = curl(X,Y,Z,P,Q,R);
X = X(:,:,1); Y = Y(:,:,1);
div = div(:,:,1);
rotx = rotx(:,:,1); roty = roty(:,:,1); rotz = rotz(:,:,1);
subplot(2,2,1); mesh(X,Y,div); title('散度');
subplot(2,2,2); mesh(X,Y,rotx); title('旋度(x)');
subplot(2,2,3); mesh(X,Y,roty); title('旋度(y)');
subplot(2,2,4); mesh(X,Y,rotz); title('旋度(z)');
```

试编程求向量场 $\{x^2y,y^2z,z^2x\}$ 的数值散度和旋度,并画出图形和误差图[①].

[①] 误差图即在自选的点上数值结果与精确值的差的图像.

总习题 12

1. 填空题.

(1) 设 Σ 为上半球面 $z=\sqrt{a^2-x^2-y^2}$,则 $\iint\limits_{\Sigma}\mathrm{d}S=$ _____;

(2) 设 Σ 为上半球面 $z=\sqrt{a^2-x^2-y^2}$ 的下侧,则 $\iint\limits_{\Sigma}\mathrm{d}x\mathrm{d}y=$ _____;

(3) 设 Σ 为平面 $z=0(x^2+y^2\leqslant 4)$ 的上侧,则 $\iint\limits_{\Sigma}[(x^2+y^2)z+\arccos z]\mathrm{d}x\mathrm{d}y=$ _____;

(4) 设 Σ 为球面 $x^2+y^2+z^2=a^2$,则 $\iint\limits_{\Sigma}z\mathrm{d}S=$ _____;

(5) 设 Σ 为球面 $x^2+y^2+z^2=a^2$ 的外侧,则 $\iint\limits_{\Sigma}z\mathrm{d}x\mathrm{d}y=$ _____.

2. 计算题.

(1) 计算 $\iint\limits_{\Sigma}(x+y+z)\mathrm{d}S$,其中 Σ 为平面 $y+z=5$ 被柱面 $x^2+y^2=25$ 所截得的部分;

(2) 计算 $\oiint\limits_{\Sigma}(x^2+y^2)\mathrm{d}S$,其中 Σ 为立体 $\sqrt{x^2+y^2}\leqslant z\leqslant 1$ 的边界曲面;

(3) 计算 $\iint\limits_{\Sigma}y^2z\mathrm{d}x\mathrm{d}y$,其中 Σ 为抛物面 $z=x^2+y^2$ 在 $0\leqslant z\leqslant 1$ 的部分的下侧;

(4) 计算 $\iint_{\Sigma}(x^2+y^2)dzdx+zdxdy$,其中 Σ 为锥面 $z=\sqrt{x^2+y^2}(z\leqslant 1)$ 在第一卦限部分的下侧;

(5) 计算 $\oiint_{\Sigma}\dfrac{xdydz+ydzdx+zdxdy}{r^3}$,其中 $r=\sqrt{x^2+y^2+z^2}$,Σ 为球面 $x^2+y^2+z^2=a^2$ 的外侧.

(6) $\oiint_{\Sigma}x^2dydz+y^2dzdx+zdxdy$,其中 Σ 为 $z=\sqrt{1-x^2-y^2}+1$ 和 $z=\sqrt{x^2+y^2}$ 所围立体的外表面;

(7) 计算 $\iint_{\Sigma}(x^3+az^2)dydz+(y^3+ax^2)dzdx+(z^3+ay^2)dxdy$,其中 Σ 为上半球面 $z=\sqrt{a^2-x^2-y^2}$ 的上侧.

第13章 无穷级数

习题 13-1 常数项级数的概念与性质

知识提要

1. 相关概念.

(1) 数列 $\{u_n\}$：$u_1, u_2, \cdots, u_n, \cdots$；

(2) 级数 $\sum\limits_{n=1}^{\infty} u_n = u_1 + u_2 + \cdots + u_n + \cdots$，即：将数列的所有数依次加起来①；

(3) 通项(一般项) u_n，部分和(前 n 项和) $S_n = \sum\limits_{k=1}^{n} u_k = u_1 + u_2 + \cdots + u_n$；

(4) 收敛性(敛散性)：

(a) 收敛：若部分和数列 $\{S_n\}$ 有极限 S，则称级数收敛；S 称为该级数的和，记为 $S = \sum\limits_{n=1}^{\infty} u_n$；

(b) 若 $\{S_n\}$ 极限不存在，则称级数发散.

2. 性质.

(1) $\sum\limits_{n=1}^{\infty} \mu u_n = \mu \sum\limits_{n=1}^{\infty} u_n$ (其中 $\mu \neq 0$)；

(2) 若 $\sum\limits_{n=1}^{\infty} u_n$ 与 $\sum\limits_{n=1}^{\infty} v_n$ 均收敛，则 $\sum\limits_{n=1}^{\infty} (u_n + v_n) = \sum\limits_{n=1}^{\infty} u_n + \sum\limits_{n=1}^{\infty} v_n$ 也收敛；

(3) 在级数中去掉、加上或改变级数的有限项，不会影响级数的收敛性. 如：$\sum\limits_{n=1}^{\infty} u_n$ 与 $\sum\limits_{n=k}^{\infty} u_n$ 的收敛性相同；

(4) 收敛级数任意加括号后所得的级数仍然收敛于原级数.

3. [重点] 级数收敛的必要条件.

(1) $\sum\limits_{n=1}^{\infty} u_n$ 收敛 $\Rightarrow \lim\limits_{n \to \infty} u_n = 0$；

(2) 常用：$\lim\limits_{n \to \infty} u_n \neq 0 \Rightarrow \sum\limits_{n=1}^{\infty} u_n$ 发散.

4. 等比级数(几何级数) $\sum\limits_{n=0}^{\infty} aq^n \begin{cases} 收敛, & |q| < 1, \\ 发散, & |q| \geqslant 1 \end{cases}$ (其中 $a \neq 0$).

基础题

1. 选择题.

(1) 若级数 $\sum\limits_{n=1}^{\infty} u_n$ 收敛，S_n 是它的前 n 项和，则级数 $\sum\limits_{n=1}^{\infty} u_n$ 的和是(　　)；

　　A. S_n　　B. u_n　　C. $\lim\limits_{n \to \infty} u_n$　　D. $\lim\limits_{n \to \infty} S_n$

(2) 若级数 $\sum\limits_{n=1}^{\infty} u_n$ 收敛，则下列级数发散的是(　　)；

---

① 级数可视为离散型的积分.

A. $\sum_{n=1}^{\infty} 2u_n$ B. $\sum_{n=1}^{\infty}(u_n+2)$

C. $2+\sum_{n=1}^{\infty} u_n$ D. $\sum_{n=k}^{\infty} u_n$

(3) $\lim_{n\to\infty} u_n = 0$ 是级数 $\sum_{n=1}^{\infty} u_n$ 收敛的(　　)条件.

A. 充分 B. 必要

C. 充要 D. 既非充分又非必要

2. 填空题.

(1) 设 $u_n = \dfrac{(-1)^n}{n+1}$,则 $u_0 = $ _____ ,$u_1 = $ _____ ,$u_2 = $ _____ ;

(2) 若 $u_n = \dfrac{(2n-1)!!}{(2n)!!}$,则 $\sum_{n=1}^{3} u_n = $ _____ $+$ _____ $+$ _____ ;

(3) 级数 $-\dfrac{2}{1} + \dfrac{3}{2} - \dfrac{4}{3} + \dfrac{5}{4} - \dfrac{6}{5} + \cdots$ 的一般项 $u_n = $ _____ .

3. 根据级数收敛与发散的定义判断下列级数的收敛性.

(1) $\sum_{n=1}^{\infty} (\sqrt{n+1} - \sqrt{n})$;

(2) $\dfrac{1}{1\cdot 3} + \dfrac{1}{3\cdot 5} + \dfrac{1}{5\cdot 7} + \cdots + \dfrac{1}{(2n-1)(2n+1)} + \cdots$.

4. 判断下列级数的收敛性.

(1) $\dfrac{1}{3} + \dfrac{1}{\sqrt{3}} + \dfrac{1}{\sqrt[3]{3}} + \cdots + \dfrac{1}{\sqrt[n]{3}} + \cdots$;

(2) $\dfrac{1}{3} + \dfrac{1}{6} + \dfrac{1}{9} + \cdots + \dfrac{1}{3n} + \cdots$;

(3) $\left(\dfrac{1}{2} + \dfrac{1}{3}\right) + \left(\dfrac{1}{2^2} + \dfrac{1}{3^2}\right) + \left(\dfrac{1}{2^3} + \dfrac{1}{3^3}\right) + \cdots$.

提高题

5. 级数 $\dfrac{\sqrt{x}}{2} + \dfrac{x}{2\cdot 4} + \dfrac{x\sqrt{x}}{2\cdot 4\cdot 6} + \cdots$ 的一般项 $u_n = $ _____ .

6. 已知级数 $\sum\limits_{n=1}^{\infty}(-1)^{n-1}a_n=2,\sum\limits_{n=1}^{\infty}a_{2n-1}=5$,求 $\sum\limits_{n=1}^{\infty}a_n$.

思考题

7. 若级数 $\sum\limits_{n=1}^{\infty}(u_{2n-1}+u_{2n})$ 收敛,则下列说法是否正确？若不正确,请举出反例.

(1) $\sum\limits_{n=1}^{\infty}u_n$ 必收敛;

(2) $\lim\limits_{n\to\infty}u_n=0$;

(3) $\sum\limits_{n=1}^{\infty}u_n$ 必发散.

8. 若级数 $\sum\limits_{n=1}^{\infty}a_n$ 与 $\sum\limits_{n=1}^{\infty}b_n$ 均发散,则下列说法是否正确？若不正确,请举出反例.

(1) $\sum\limits_{n=1}^{\infty}a_nb_n$ 发散;

(2) $\sum\limits_{n=1}^{\infty}(a_n+b_n)$ 发散;

(3) $\sum\limits_{n=1}^{\infty}\left(a_n+\dfrac{1}{n}\right)$ 发散;

(4) $\sum\limits_{n=1}^{\infty}\left(a_n+\dfrac{(-1)^n}{n}\right)$ 发散.

习题 13-2 常数项级数的审敛法

知识提要

1. p 级数[①] $\sum_{n=1}^{\infty} \dfrac{1}{n^p} \begin{cases} 收敛, & p>1, \\ 发散, & p \leqslant 1. \end{cases}$

2. 正项级数 $\left(\sum_{n=1}^{\infty} u_n, u_n \geqslant 0\right)$.

(1) 注：本部分的审敛法（收敛性判别法）均针对正项级数，非正项级数不可使用；

(2) 比较判别法：若 $0 \leqslant u_n \leqslant v_n (n=1,2,\cdots)$，则

(a) $\sum_{n=1}^{\infty} v_n$ 收敛 $\Rightarrow \sum_{n=1}^{\infty} u_n$ 收敛；

(b) $\sum_{n=1}^{\infty} u_n$ 发散 $\Rightarrow \sum_{n=1}^{\infty} v_n$ 发散；

(3) 比较判别法的极限形式 $\left(\text{设} \lim_{n \to \infty} \dfrac{u_n}{v_n} = l\right)$：

(a) [**重点，最常用**] 基本判别法：若 $l \neq 0$ 且 $l \neq +\infty$，则 $\sum_{n=1}^{\infty} u_n$ 与 $\sum_{n=1}^{\infty} v_n$ 的收敛性相同；

(b) [**理解**] 若 $l=0$，则：$\sum_{n=1}^{\infty} v_n$ 收敛 $\Rightarrow \sum_{n=1}^{\infty} u_n$ 收敛；

(c) [**理解**] 若 $l=+\infty$，则：$\sum_{n=1}^{\infty} v_n$ 发散 $\Rightarrow \sum_{n=1}^{\infty} u_n$ 发散；

(d) 该判别法的应用：

(i) 用于判断正项级数 $\sum_{n=1}^{\infty} u_n$ 的收敛性；

(ii) 关键在于找到合适的比较级数．合适是指：① $l \neq 0$ 且 $l \neq +\infty$，即 v_n 为 u_n 的同阶量；② 比较级数 $\sum_{n=1}^{\infty} v_n$ 的收敛性已知，常用 p 级数和等比级数；

(4) 比值判别法和根值判别法：设 $\rho = \lim_{n \to \infty} \dfrac{u_{n+1}}{u_n}$ 或 $\rho = \lim_{n \to \infty} \sqrt[n]{u_n}$，则

$$\sum_{n=1}^{\infty} u_n \begin{cases} 收敛, & \rho < 1, \\ 无法用本方法判别, & \rho = 1, \\ 发散, & \rho > 1. \end{cases}$$

注：事实上当 $\rho > 1$ 时，$\lim_{n \to \infty} u_n \neq 0$.

3. 交错级数 $\left(\sum_{n=1}^{\infty} (-1)^n u_n, u_n > 0\right)$ 的 Leibniz 判别法：若 $\{u_n\}$ 单调递减，且 $\lim_{n \to \infty} u_n = 0$，则 (1) 级数收敛；(2) 级数的和 $S \leqslant u_1$；(3) 余项 r_n 的绝对值 $|r_n| \leqslant u_{n+1}$.

4. 任意项级数 $\sum_{n=1}^{\infty} u_n$ 的收敛性的三个级别：

$$\begin{cases} 发散：\sum_{n=1}^{\infty} u_n \text{ 不收敛}, \\ 收敛 \begin{cases} 条件收敛：\sum_{n=1}^{\infty} |u_n| \text{ 发散}, \sum_{n=1}^{\infty} u_n \text{ 收敛}, \\ 绝对收敛：\sum_{n=1}^{\infty} |u_n| \text{ 收敛}. \end{cases} \end{cases}$$

[①] p 级数和等比级数是比较判别法中常用的比较级数；p 级数的收敛性与反常积分中的 p 积分 $\int_1^{+\infty} \dfrac{1}{x^p} \mathrm{d}x$ 相似，与 $\int_0^1 \dfrac{1}{x^p} \mathrm{d}x$ 相反（$p=1$ 时除外）.

5. 常数项级数 $\sum_{n=1}^{\infty} u_n$ 收敛性的判断流程.

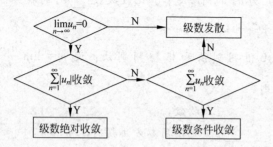

基础题

1. 用比较审敛法或其极限形式判别下列级数的收敛性.

(1) $\sum_{n=1}^{\infty} \dfrac{\sin^2 n}{4^n}$;

(2) $\sum_{n=1}^{\infty} \dfrac{n+1}{n^2+1}$;

(3) $\sum_{n=1}^{\infty} \dfrac{n}{\sqrt{n^3+1}}$.

2. 用比值审敛法判别下列级数的收敛性.

(1) $\sum_{n=1}^{\infty} \dfrac{n^2}{3^n}$;

(2) $\dfrac{3}{1\cdot 2} + \dfrac{3^2}{2\cdot 2^2} + \dfrac{3^3}{3\cdot 2^3} + \cdots + \dfrac{3^n}{n\cdot 2^n} + \cdots$;

(3) $\sum_{n=1}^{\infty} \left(\dfrac{3}{4}\right)^n n!$.

3. 用根值审敛法判别下列级数的收敛性.

(1) $\sum_{n=1}^{\infty} \left(\dfrac{2n}{n+1}\right)^n$;

(2) $\sum_{n=1}^{\infty} \dfrac{1}{[\ln(n+1)]^n}$;

(3) $\sum_{n=1}^{\infty} \left(\dfrac{n}{3n-1}\right)^{2n-1}$.

(2) $\sum_{n=1}^{\infty} \dfrac{1}{\sqrt{n}} \ln \dfrac{n+1}{n}$;

(3) $\sum_{n=1}^{\infty} \left(\dfrac{n}{2n+1}\right)^n$.

提高题

4. 填空题.

(1) 若 $\sum_{n=1}^{\infty} \dfrac{(-1)^n + k}{n}$ 收敛,则 $k=$ _____;

(2) $\sum_{n=1}^{\infty} (-1)^n \dfrac{\cos n\pi}{\sqrt{n\pi}}$ 的敛散性为 _____.

5. 用比较审敛法或其极限形式判别下列级数的收敛性.

(1) $\sin \dfrac{\pi}{2} + \sin \dfrac{\pi}{2^2} + \sin \dfrac{\pi}{2^3} + \cdots + \sin \dfrac{\pi}{2^n} + \cdots$;

6. 用比值审敛法判别下列级数的收敛性.

(1) $\sum_{n=1}^{\infty} \dfrac{n^n}{3^n n!}$;

(2) $\sum_{n=1}^{\infty} \dfrac{2^n n!}{n^n}$.

7. 用适当方法判别下列级数的敛散性.

(1) $\sum_{n=1}^{\infty} \dfrac{n}{n^2+1}$;

(2) $\sqrt{2} + \sqrt{\dfrac{3}{2}} + \cdots + \sqrt{\dfrac{n+1}{n}} + \cdots$;

(3) $\sum_{n=1}^{\infty} 2^n \sin \dfrac{\pi}{3^n}$.

综合题

8. 选择题.

(1) 设 S_n 是无穷级数 $\sum_{n=1}^{\infty} u_n$ 的部分和,则 $\sum_{n=1}^{\infty} u_n$ 收敛的充要条件是(   );

    A. $\{S_n\}$ 有界   B. $\lim\limits_{n\to\infty} S_n$ 存在

    C. $\lim\limits_{n\to\infty} u_n = 0$ D. $\{u_n\}$ 单调递减,且 $\lim\limits_{n\to\infty} u_n = 0$

(2) 下列级数发散的是(   );

    A. $\sum_{n=1}^{\infty} \dfrac{1}{\sqrt{n^3}}$

    B. $\dfrac{1}{2} + \dfrac{1}{4} + \dfrac{1}{8} + \dfrac{1}{16} + \cdots$

    C. $0.001 + \sqrt{0.001} + \sqrt[3]{0.001} + \cdots$

    D. $\dfrac{3}{5} - \dfrac{3^2}{5^2} + \dfrac{3^3}{5^3} - \dfrac{3^4}{5^4} + \cdots$

(3) 下列级数条件收敛的是(   );

    A. $\sum_{n=1}^{\infty} (-1)^{n-1} \dfrac{1}{\sqrt{n}}$ B. $\sum_{n=1}^{\infty} (-1)^{n-1} \dfrac{n}{n+1}$

    C. $\sum_{n=1}^{\infty} (-1)^{n-1} \dfrac{1}{n^2}$ D. $\sum_{n=1}^{\infty} (-1)^{n-1} \dfrac{1}{n(n+1)}$

(4) 级数 $\sum_{n=1}^{\infty} n \sin \dfrac{1}{n}$ (   );

    A. 绝对收敛   B. 条件收敛

    C. 发散   D. 无法判别敛散性

(5) 当 $k > 0$ 时,级数 $\sum_{n=1}^{\infty} (-1)^n \dfrac{k+n}{n^2}$ (   );

    A. 发散   B. 条件收敛

    C. 绝对收敛   D. 无法判定敛散性

(6) 若 $u_n > 0$ 且 $\lim\limits_{n\to\infty} \dfrac{u_n}{n^2} = 1$,则级数 $\sum_{n=1}^{\infty} (-1)^n \ln\left(1 + \dfrac{1}{u_n}\right)$ (   ).

    A. 发散   B. 条件收敛

    C. 绝对收敛   D. 无法判定敛散性

9. 设级数 $S = \sum_{n=1}^{\infty} \frac{(-1)^{n-1}}{n^{p-3}}$. 当 $p \in$ _____ 时, S 绝对收敛; 当 $p \in$ _____ 时, S 条件收敛; 当 $p \in$ _____ 时, S 发散.

10. 判别下列级数的敛散性.

(1) $\sum_{n=1}^{\infty} n \tan \frac{\pi}{2^{n+1}}$;

(2) $\sum_{n=1}^{\infty} \frac{n}{2^n} \cos^2 \frac{n}{3}\pi$.

11. 判别下列级数的敛散性. 若收敛, 指出是绝对收敛还是条件收敛.

(1) $\sum_{n=1}^{\infty} (-1)^{n-1} \frac{n}{4^{n-1}}$;

(2) $\sum_{n=1}^{\infty} \frac{(-1)^{n-1}}{\sqrt{n^2+1}}$;

(3) $\sum_{n=1}^{\infty} (-1)^{n-1} \ln\left(1 + \frac{1}{\sqrt{n}}\right)$;

(4) $\sum_{n=1}^{\infty} (-1)^{n+1} \frac{2^{n^2}}{n!}$;

(5) $\sum_{n=1}^{\infty} \frac{(-1)^n + \sin n}{n^2}$.

思考题

12. 设 $0 \leqslant u_n < \dfrac{1}{n}(n=1,2,\cdots)$，则下列说法是否正确？若不正确，请举出反例.

(1) $\sum\limits_{n=1}^{\infty} u_n$ 一定收敛；

(2) $\sum\limits_{n=1}^{\infty} (-1)^{n-1} u_n$ 一定收敛；

(3) $\sum\limits_{n=1}^{\infty} \sqrt{u_n}$ 一定收敛；

(4) $\sum\limits_{n=1}^{\infty} (-1)^{n-1} u_n^2$ 一定收敛.

13. 求证：$\lim\limits_{n \to \infty} \dfrac{2^n \cdot n!}{n^n} = 0$.

14. 设正项级数 $\sum\limits_{n=1}^{\infty} u_n$ 收敛，能否推出 $\sum\limits_{n=1}^{\infty} u_n^2$ 收敛？反之是否成立？

习题 13-3　幂级数

知识提要

1. 幂级数的三大重点：收敛性、和函数、展开.

2. 阿贝尔(Abel)定理[①].

(1) 若 $\sum_{n=0}^{\infty} a_n x^n$ 在 $x=x_0$ 处收敛，则当 $|x|<|x_0|$ 时，级数绝对收敛；

(2) 若 $\sum_{n=0}^{\infty} a_n x^n$ 在 $x=x_0$ 处发散，则当 $|x|>|x_0|$ 时，级数发散.

3. 幂级数 $\sum_{n=0}^{\infty} a_n (x-x_0)^n$ 的收敛性.

(1) 收敛域：所有收敛点的集合；

(2) 收敛区间：收敛域除去端点，得到的开区间；

(3) 求收敛域的步骤：

(a) $\rho = \lim\limits_{n\to\infty} \left|\dfrac{a_{n+1}}{a_n}\right|$ 或 $\rho = \lim\limits_{n\to\infty} \sqrt[n]{|a_n|}$；

(b) 收敛半径 $R=1/\rho$[②]，得到收敛区间 (x_0-R, x_0+R)；

(c) 讨论区间端点 $x_0 \pm R$ 处的收敛性.

4. 逐项求导与逐项积分：幂级数 $\sum_{n=0}^{\infty} a_n x^n$ 的和函数 $S(x)$ 在收敛域上连续，在收敛区间 $(-R, R)$ 内可导且可积，且有

(1) $S'(x) = \left(\sum_{n=0}^{\infty} a_n x^n\right)' = \sum_{n=0}^{\infty} (a_n x^n)' = \sum_{n=1}^{\infty} n a_n x^{n-1}$，级数的导数 = 导数的级数；

(2) $\int_0^x S(t)\,dt = \int_0^x \sum_{n=0}^{\infty} a_n t^n\,dt = \sum_{n=0}^{\infty} \int_0^x a_n t^n\,dt = \sum_{n=0}^{\infty} \dfrac{a_n}{n+1} x^{n+1}$，级数的积分 = 积分的级数；

(3) 经过逐项求导与逐项积分，收敛半径不变.

5. 利用逐项求导与逐项积分求和函数的步骤：

(1) 求级数的收敛域；

(2) 在收敛区间内求和函数 $S(x)$；

(3) 判断 $S(x)$ 在收敛的边界点处是否连续，若不连续，则求 $S(x)$ 在该点处的极限.

基础题

1. $\sum_{n=1}^{\infty} \dfrac{(-1)^{n-1}}{4^n n} x^n$ 的收敛半径为(　　).

A. $\dfrac{1}{4}$　　B. $\dfrac{1}{2}$　　C. 2　　D. 4

2. 填空题.

(1) 设级数 $\sum_{n=0}^{\infty} a_n \left(\dfrac{x+1}{2}\right)^n$，若 $\lim\limits_{n\to\infty}\left|\dfrac{a_n}{a_{n+1}}\right| = \dfrac{1}{3}$，则该级数的收敛半径为_____；

(2) $\sum_{n=0}^{\infty} \dfrac{(-1)^n}{3^n n!} x^n$ 的收敛区间为_____；

(3) $\sum_{n=1}^{\infty} \dfrac{1}{3^n n} x^n$ 的收敛域为_____.

---

① 由 Abel 定理可知，幂级数的收敛区间关于幂级数的中心对称.

② $\rho=0$ 时，$R=+\infty$；$\rho=+\infty$ 时，$R=0$.

3. 求幂级数 $1-\dfrac{x}{5\sqrt{2}}+\dfrac{x^2}{5^2\sqrt{3}}-\dfrac{x^3}{5^3\sqrt{4}}+\cdots+(-1)^{n-1}\dfrac{x^{n-1}}{5^{n-1}\sqrt{n}}+\cdots$ 的收敛域.

提高题

4. 选择题.

(1) 若 $\sum\limits_{n=0}^{\infty}a_n(x+1)^n$ 在 $x=-3$ 处收敛, 在 $x=1$ 处发散, 则它在 $x=2$ 处(   );

    A. 一定发散   B. 一定条件收敛

    C. 一定绝对收敛   D. 可能发散可能收敛

(2) 若 $\sum\limits_{n=1}^{\infty}a_n(x-1)^n$ 在 $x=-2$ 处条件收敛, 则它在 $x=4$ 处(   );

    A. 条件收敛   B. 绝对收敛

    C. 发散   D. 无法判别敛散性

(3) 若 $\sum\limits_{n=0}^{\infty}a_n x^n$ 在 $x=-2$ 处收敛, 在 $x=2$ 处发散, 则其收敛半径(   );

    A. $R>2$ B. $R=2$

    C. $R<2$ D. 无法确定

(4) 若 $\lim\limits_{n\to\infty}\left|\dfrac{c_{n+1}}{c_n}\right|=\dfrac{1}{4}$, 则 $\sum\limits_{n=1}^{\infty}c_n x^{2n-1}$(   ).

    A. 当 $|x|<2$ 时绝对收敛

    B. 当 $|x|>\dfrac{1}{2}$ 时发散

    C. 当 $|x|<4$ 时绝对收敛

    D. 当 $|x|>\dfrac{1}{4}$ 时发散

5. 求 $\sum\limits_{n=0}^{\infty}\dfrac{(-1)^n}{2^n(n+1)}(x-1)^n$ 的收敛区间.

6. 求 $\sum\limits_{n=0}^{\infty}\dfrac{x^{2n}}{4^n}$ 的收敛域.

7. 求 $\sum\limits_{n=1}^{\infty}\dfrac{(-1)^{n-1}}{n^2 4^n}x^{2n-1}$ 的收敛域.

综合题

8. 求 $\sum_{n=1}^{\infty} n x^{n-1}$ 的收敛域及和函数，并求 $\sum_{n=1}^{\infty} \dfrac{n}{2^n}$.

9. 求 $\sum_{n=1}^{\infty} \dfrac{x^n}{n}$ 的收敛域及和函数，并求 $\sum_{n=1}^{\infty} \dfrac{1}{n \cdot 3^n}$.

10. 求 $\sum_{n=0}^{\infty} \dfrac{(-1)^n}{2n+1} x^{2n+1}$ 的收敛域及和函数，并求 $\sum_{n=0}^{\infty} \dfrac{(-1)^n}{2n+1}\left(\dfrac{1}{9}\right)^n$.

思考题

11. 求幂级数 $\sum\limits_{n=1}^{\infty} \dfrac{n}{2^n} x^n$ 的收敛域及和函数,并求 $\sum\limits_{n=1}^{\infty} \dfrac{n}{2^n}$.

12. 求幂级数 $\sum\limits_{n=1}^{\infty} (-1)^n \dfrac{x^{n-1}}{3^n n}$ 的收敛域及和函数.

13. 幂级数逐项求导后,收敛半径不变,试问它的收敛域是否也不变? 如果可能改变,举例说明.

习题 13-4 函数的幂级数展开

知识提要

1. 常见函数展开式.

$\dfrac{1}{1-x} = \sum\limits_{n=0}^{\infty} x^n, x\in(-1,1)$ $\Big\Downarrow$ 变量替换 $\dfrac{1}{1+x} = \sum\limits_{n=0}^{\infty} (-1)^n x^n, x\in(-1,1)$ $\Big\Downarrow$ 逐项积分 $\ln(1+x) = \sum\limits_{n=0}^{\infty} \dfrac{(-1)^n}{n+1} x^{n+1},$ $x\in(-1,1]$	$(1+x)^\alpha = \sum\limits_{n=0}^{\infty} C_\alpha^n x^n, x\in(-1,1),$ ① $e^x = \sum\limits_{n=0}^{\infty} \dfrac{x^n}{n!}, x\in(-\infty,+\infty)$ $\sin x = \sum\limits_{n=0}^{\infty} \dfrac{(-1)^n}{(2n+1)!} x^{2n+1},$ $x\in(-\infty,+\infty)$ $\Big\Downarrow$ 逐项求导 $\cos x = \sum\limits_{n=0}^{\infty} \dfrac{(-1)^n}{(2n)!} x^{2n}, x\in(-\infty,+\infty)$

2. 求幂级数展开的三种方法：变量替换、逐项求导、逐项积分.

基础题

1. 填空题.

(1) 级数 $1 - \dfrac{1}{2} + \dfrac{1}{3} - \dfrac{1}{4} \cdots + \dfrac{(-1)^n}{n+1} + \cdots$ 的和 $S=$ _____；

(2) 将 a^x 展开成 x 的幂级数为 _____；

(3) 将 $e^{-\frac{x}{3}}$ 展开成 x 的幂级数为 _____.

2. 选择题.

(1) 级数 $\dfrac{1}{3!} - \dfrac{1}{5!} + \dfrac{1}{7!} - \cdots + (-1)^{n-1} \dfrac{1}{(2n+1)!} + \cdots =$ ( )；

    A. $1-\sin 1$ B. $1-\cos 1$

    C. $\sin 1$ D. $\cos 1$

(2) 级数 $1 + \dfrac{1}{2!} + \cdots + \dfrac{1}{n!} + \cdots = $ ( ).

    A. $e+1$ B. e C. $e-1$ D. e^{-1}

3. 将下列函数展开成 x 的幂级数.

(1) $(1+x)\ln(1+x)$；

(2) $\ln(x^2+3x+2)$；

(3) $\dfrac{1}{x^2-3x+2}$.

---

① $\alpha = \mathbf{Z}^+$ 时，$C_\alpha^n = \dfrac{\alpha!}{n!\,(\alpha-n)!} = \dfrac{\alpha(\alpha-1)\cdots(\alpha-n+1)}{n!}$；$\alpha \notin \mathbf{Z}^+$ 时，也可用此运算方法.

提高题

4. 填空题.

(1) $f(x)=\cos^2 x - \sin^2 x$ 的麦克劳林级数为 _____ ;

(2) 将 $f(x)=\dfrac{2x}{2-x}$ 展开成 x 的幂级数为 _____ ;

(3) $f(x)=\dfrac{1}{3-x}$ 关于 $x-1$ 的幂级数为 _____ .

5. 将 $\sin^2 x$ 展开成 x 的幂级数.

6. 将 $\cos x$ 展开成 $x+\dfrac{\pi}{3}$ 的幂级数.

7. 将 $f(x)=\dfrac{1}{x}$ 展开成 $x-3$ 的幂级数.

8. 将 $f(x)=\ln(3+x)$ 展开为 $x-1$ 的幂级数.

综合题

9. 将 $f(x)=\dfrac{2}{2x-x^2}$ 展开为 $x-3$ 的幂级数.

10. 将 $f(x)=\dfrac{2}{x^2-8x+15}$ 展开为 $x-1$ 的幂级数.

11. 将 $f(x)=\ln(x^2+4x+3)$ 展开成 $x-1$ 的幂级数.

总习题 13

1. 选择题.

(1) 下列级数中, 收敛的是( );

   A. $\sum_{n=1}^{\infty} \frac{(n!)^2}{2n^2}$
   B. $\sum_{n=1}^{\infty} \frac{3^n n!}{n^n}$
   C. $\sum_{n=2}^{\infty} \frac{1}{n^2} \sin \frac{\pi}{n}$
   D. $\sum_{n=1}^{\infty} \frac{n+1}{n(n+2)}$

(2) 设 $u_n = \frac{(-1)^n}{\sqrt{n}}$, 则 $\sum_{n=1}^{\infty} u_n$ 和 $\sum_{n=1}^{\infty} u_n^2$ 分别( );

   A. 收敛、收敛
   B. 收敛、发散
   C. 发散、收敛
   D. 发散、发散

(3) 下列级数收敛的是( );

   A. $\sum_{n=1}^{\infty} \left(\frac{1}{n} + \frac{(-1)^{2n}}{n} \right)$
   B. $\sum_{n=1}^{\infty} \left(\frac{1}{n} + \frac{2^n}{n!} \right)$
   C. $\sum_{n=1}^{\infty} \left(\frac{1}{n} + \frac{(-1)^n}{\sqrt{n}} \right)$
   D. $\sum_{n=1}^{\infty} \left(\frac{1}{n} + \frac{(-1)^{2n+1}}{n} \right)$

(4) 下列级数绝对收敛的是( ), 条件收敛的是( ), 发散的是( );

   A. $\sum_{n=1}^{\infty} (-1)^{n-1} \frac{n}{n+1}$
   B. $\sum_{n=1}^{\infty} \left(-\frac{3}{2} \right)^n$
   C. $\sum_{n=1}^{\infty} \frac{\sin n}{n^2}$
   D. $\sum_{n=1}^{\infty} (-1)^{n+1} \frac{1}{2n+1}$

(5) 设常数 $a \neq 0$, 则当( )时, 级数 $\sum_{n=1}^{\infty} \frac{a}{r^n}$ 收敛;

   A. $r < 1$
   B. $|r| \leqslant 1$
   C. $|r| < |a|$
   D. $|r| > 1$

(6) 设常数 $\lambda > 0$, 则级数 $\sum_{n=1}^{\infty} \frac{n}{2^n} \cos \frac{n\pi}{\lambda}$ ( );

   A. 发散
   B. 条件收敛
   C. 绝对收敛
   D. 收敛性与 λ 有关

(7) 幂级数 $\sum_{n=1}^{\infty} n(n+1) x^n$ 的收敛域为( );

   A. $(-1, 1)$
   B. $(-1, 1]$
   C. $[-1, 1)$
   D. $[-1, 1]$

(8) 级数 $\frac{1}{2!} - \frac{1}{4!} + \frac{1}{6!} + \cdots + (-1)^{n+1} \frac{1}{(2n)!} + \cdots$ 的和为( ).

   A. $1 - \sin 1$
   B. $1 - \cos 1$
   C. $\sin 1$
   D. $\cos 1$

2. 填空题.

(1) 若级数 $\sum_{n=1}^{\infty} u_n$ 收敛于 S, 则 $\sum_{n=1}^{\infty} (u_n + u_{n+1}) = $ _____;

(2) 若 $\sum_{n=0}^{\infty} a_n x^n$ 的收敛半径为 R, 则 $\sum_{n=0}^{\infty} a_n (x-1)^{2n}$ 的收敛半径为 _____;

(3) 设 $\sum_{n=0}^{\infty} a_n x^n$ 的收敛半径为 2, 则 $\sum_{n=0}^{\infty} \frac{a_n}{n} (x+1)^n$ 的收敛区间为 _____;

(4) 级数 $\sum_{n=1}^{\infty}(\sqrt{n+1}-\sqrt{n})\cos n\pi$ 的收敛性是_____;

(5) 级数 $-\ln 2+\dfrac{\ln^2 2}{2!}-\dfrac{\ln^3 2}{3!}+\cdots+(-1)^n\dfrac{\ln^n 2}{n!}+\cdots$ 的和为_____;

(6) 级数 $\dfrac{1}{2!}-\dfrac{1}{3!}+\dfrac{1}{4!}-\cdots+(-1)^n\dfrac{1}{n!}+\cdots$ 的和为_____;

(7) 将 e^x 展开成 $x-1$ 的泰勒级数为_____.

3. 判定下列级数的收敛性.

(1) $\sum_{n=1}^{\infty}\dfrac{n}{10000n+1}$;

(2) $\sum_{n=1}^{\infty}\sin^2\dfrac{x}{n}$;

(3) $\sum_{n=1}^{\infty}\dfrac{n^n}{(2n)!}$;

(4) $\sum_{n=1}^{\infty}\dfrac{3+(-1)^n}{3^n}$.

4. 判别下列级数的敛散性;若收敛,指出是绝对收敛还是条件收敛.

(1) $\sum_{n=1}^{\infty}\dfrac{(-1)^n}{n^p}$;

(2) $\sum_{n=1}^{\infty}\dfrac{\sin \pi^n}{n^{\frac{3}{2}}}$;

(3) $\sum_{n=1}^{\infty}\dfrac{(-1)^n}{n-\ln n}$;

(4) $\sum_{n=1}^{\infty}(-1)^{n-1}n\left(\dfrac{2}{3}\right)^{n-1}$.

5. 计算题(幂级数的收敛性).

(1) 求 $\sum\limits_{n=1}^{\infty} \sin\dfrac{1}{n} \cdot (x+1)^n$ 的收敛区间;

(2) 求 $\sum\limits_{n=0}^{\infty} \dfrac{(-3)^n}{\sqrt{n^2+1}} x^n$ 的收敛域;

(3) 求 $\sum\limits_{n=1}^{\infty} (\sqrt{n+1} - \sqrt{n}) 2^n x^{2n}$ 的收敛域.

6. 计算题(幂级数的和函数).

(1) 求 $\sum\limits_{n=1}^{\infty} (2n-1) x^{2n+1}$ 的和函数;

(2) 求 $\sum\limits_{n=1}^{\infty} \dfrac{(-1)^{n-1}}{n(2n-1)} x^{2n}$ 在 $(-1,1)$ 内的和函数,并求 $\sum\limits_{n=1}^{\infty} \dfrac{(-1)^{n-1}}{n(2n-1)} \left(\dfrac{1}{3}\right)^n$.

7. 计算题(幂级数展开).

(1) 将 $f(x)=\dfrac{x}{2x^2-x-1}$ 展开为 x 的幂级数；

(2) 将 $f(x)=\ln(1+x-2x^2)$ 展开为 x 的幂级数；

(3) 将 $f(x)=\cos^2 x$ 展开为 x 的幂级数；

(4) 将 $f(x)=\dfrac{1}{x^2+3x+2}$ 展开为 $x+4$ 的幂级数；

(5) 将 $f(x)=\ln\sqrt{1+x}$ 展开为 $x-1$ 的幂级数.

第 14 章　微积分的应用

习题 14-1　极值的应用

知识提要

极值问题是最值问题（也即最优化问题）的基础，要求能够学会建立数学模型，将实际问题转化为最优化问题，并进行求解环节的理论推导和编程实现.

示例

假设经过测量，得到两个相关物理量（设为 x 和 y）的一组测量值如下表.

i	1	2	3	4	5	6	7	8	9
x_i	1.061	1.372	1.555	1.732	1.857	2.180	2.695	2.749	3.060
y_i	1.341	1.486	1.630	1.643	1.746	1.893	2.256	2.198	2.440

假设已知这两个物理量之间呈线性关系 $y = kx + b$. 现需确定参数 k 和 b，使测量值和理论值的偏差最小.

1. 推导.

设 $N = 9$. 根据上述关系，$\{x_i\}$ 对应的理论值记为
$$y_i^0 = kx_i + b, \quad 1 \leqslant i \leqslant N.$$

测量值和理论值的偏差可表示为
$$E = E(k,b) = \sum_{i=1}^{N}(y_i - y_i^0)^2 = \sum_{i=1}^{N}[y_i - (kx_i + b)]^2.$$

根据极值理论，有 $\dfrac{\partial E}{\partial k} = \dfrac{\partial E}{\partial b} = 0$，即
$$\begin{cases} \sum_{i=1}^{N} x_i[y_i - (kx_i + b)] = 0, \\ \sum_{i=1}^{N}[y_i - (kx_i + b)] = 0, \end{cases}$$
整理得
$$\begin{cases} \sum_{i=1}^{N} x_i^2 k + \sum_{i=1}^{N} x_i b = \sum_{i=1}^{N} x_i y_i, \\ \sum_{i=1}^{N} x_i k + Nb = \sum_{i=1}^{N} y_i, \end{cases}$$

或矩阵形式 $\begin{bmatrix} \sum_{i=1}^{N} x_i^2 & \sum_{i=1}^{N} x_i \\ \sum_{i=1}^{N} x_i & N \end{bmatrix} \begin{bmatrix} k \\ b \end{bmatrix} = \begin{bmatrix} \sum_{i=1}^{N} x_i y_i \\ \sum_{i=1}^{N} y_i \end{bmatrix}.$

下列程序可实现此问题的计算.

```
x = [1.061 1.372 1.555 1.732 1.857 2.180 2.695 2.749 3.060]';
y = [1.341 1.486 1.630 1.643 1.746 1.893 2.256 2.198 2.440]';
N = length(x);
% % 计算拟合参数向量 k,b
Mcf = [x'*x sum(x)
       sum(x) N];
Rhs = [x'*y,sum(y)]';
para = Mcf\Rhs; % k,b
fprintf('k = %.3f,b = %.3f\n',para);
```

```
%% 拟合曲线和测量值
X = linspace(floor(min(x)),ceil(max(x)),1001)';
Y = para(1)*X + para(2); % 拟合结果
subplot(1,2,1); hold on; plot(x,y,'* black'); plot(X,Y,'black');
legend('测量值','拟合曲线'); title('(a) 拟合结果');
xlabel('x','FontSize',14); ylabel('y','FontSize',14);
%% 测量点处的拟合误差
subplot(1,2,2); plot(x,y-(para(1)*x + para(2)),'* black');
grid on; title('(b)误差'); xlabel('x','FontSize',14); ylabel('Error');
```

运行可得 $k\approx 0.546, b\approx 0.741$. 拟合结果及误差如下图.

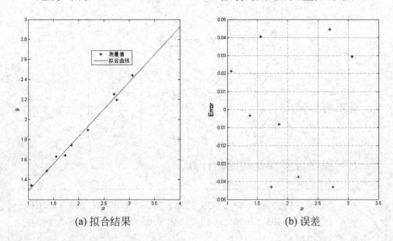

(a) 拟合结果　　　　(b) 误差

2. MATLAB 的拟合工具包.

在命令窗口中输入上述程序的前两行,然后找到曲线拟合(Curve Fitting),在曲线拟合工具箱界面中的 X data 和 Y data 栏选择 x 和 y 方向的数据 x 和 y,拟合函数类型选择多项式(Polynomial),次数(Degree)选 1,得到如下结果.

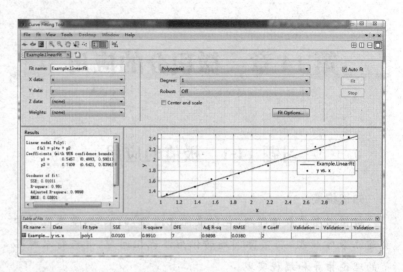

其中

指标	全称/基本公式	最优
SSE	误差平方和 $\sum_{i=1}^{N}(y_i - y_i^0)^2$	0
R-square	确定系数 $1 - \dfrac{SSE}{\sum_{i=1}^{N}(y_i - \bar{y})^2}$	1
RMSE	均方根 $\sqrt{SSE/N}$	0

练习

1. 设有测量值 $\{(x_i, y_i), 1 \leq i \leq N\}$.

(1) 推导其二次多项式拟合函数 $y = ax^2 + bx + c$ 的参数 a, b, c 满足的线性方程组;

(2) 对下表中的测量值:

i	1	2	3	4	5	6	7	8	9
x_i	0.338	0.689	0.815	1.374	1.424	1.526	2.078	2.220	2.440
y_i	−7.271	−0.071	1.708	8.384	8.089	9.058	7.643	6.692	4.102

(a) 编写程序求出拟合参数,并画出拟合图和误差图;

(b) 用 MATLAB 的拟合工具包求解.

2. 设有测量值 $\{(x_i, y_i), 1 \leqslant i \leqslant N\}$.

(1) 推导指数型拟合函数 $y = a\mathrm{e}^x + b$ 的参数 a, b 满足的线性方程组;

(2) 并对下表中的测量值.

i	1	2	3	4	5	6	7	8	9
x_i	−0.161	0.054	0.312	0.350	0.484	0.568	0.607	0.691	0.753
y_i	1.078	1.248	1.434	1.555	1.667	1.799	1.795	1.888	2.040

(a) 编写程序求出拟合参数,并画出拟合图和误差图;

(b) 用 MATLAB 的拟合工具包求解.

习题 14-2　微分方程的应用

知识提要

1. 利用常见物理量之间的微积分关系.
(1) 借助微分方程描述物理现象；
(2) 借助积分求某些物理量.
2. 求解微分方程.
(1) MATLAB 函数 dsolve；
(2) 利用差分方程近似求解.
3. 求积分.
(1) MATLAB 函数 int；
(2) 利用简单的数值积分方法求近似值.

示例

设质量为 m 的物体，在空气中从静止状态开始作阻尼落体运动. 物体在落体过程中，考虑受到重力和空气阻力. 设 t 时刻的速率为 $v(t)$，阻力与速率的关系为函数 $f(v)$，则加速度

$$\frac{\mathrm{d}v}{\mathrm{d}t} = \boxed{a = \frac{mg - f(v)}{m}} = g - \frac{f(v)}{m}.$$

此方程中，m 和 g 为常数，f 为已知函数，t 为自变量，故 $v(t)$ 为该方程的解函数. 速率初值 $v(0)=0$.

1. $f(v) = \gamma v^2$ 的情形：解析解.

速率较小时，可假设阻力与速率的平方成正比，即 $f(v) = \gamma v^2$. 上述方程化为

$$\frac{\mathrm{d}v}{\mathrm{d}t} = g - \frac{\gamma}{m} v^2, \quad v(0) = 0.$$

求解可得 $v(t) = \sqrt{\frac{mg}{\gamma}} \tanh \sqrt{\frac{g\gamma}{m}} t$，下降高度 $h(t) = \int_0^t v(\tau) \mathrm{d}\tau =$

$\frac{m}{\gamma} \ln \frac{1 + \mathrm{e}^{2\sqrt{g\gamma/m}\,t}}{2} - \sqrt{\frac{mg}{\gamma}} t$. 利用下列程序段也可得到相同结果：

```
v = dsolve('Dv = g - gma/m * v^2','v(0) = 0','t');
h = int(v,'t');
```

2. $f = \gamma v^{1+\alpha(v)}$ 的情形：数值解.

实验表明，空气阻力并非恒定地与 v^2 成正比，这里的次数随速度的增大而增大. 假设 $f(v) = \gamma v^{1+\alpha(v)}$，其中 $\alpha(v)$ 单调递增，且 $\alpha(0) = 0$. 于是微分方程变为

$$\frac{\mathrm{d}v}{\mathrm{d}t} = g - \frac{\gamma}{m} v^{1+\alpha(v)}, \quad v(0) = 0.$$

(1) 方程的近似解.

考虑采用简单易行的差分法求此方程的近似解.

将闭区间 $[0, T]$ 等分为 N 份，步长 $\tau = T/N$. 取等距结点 $t_i = i\tau, 0 \leqslant i \leqslant N$. 设 $v(t_i)$ 的近似值为 v_i. 在 t_i 处，用差商代替微商(即导数)，即

$$\left.\frac{\mathrm{d}v}{\mathrm{d}t}\right|_{t_i} \approx \frac{v(t_{i+1}) - v(t_i)}{\tau} \approx \frac{v_{i+1} - v_i}{\tau};$$

原微分方程的右端也作近似处理，于是得到差分方程组

$$\begin{cases} \dfrac{v_{i+1} - v_i}{\tau} = g - \dfrac{\gamma}{m} v_i^{1+\alpha(v_i)}, & 0 \leqslant i \leqslant N-1, \\ v_0 = 0, \end{cases}$$

整理可得

$$\begin{cases} v_0 = 0, \\ v_{i+1} = v_i + \tau\left(g - \dfrac{\gamma}{m}v_i^{1+\alpha(v_i)}\right), & 0 \leqslant i \leqslant N-1. \end{cases}$$

分析此方程组,由 v_0 可得 v_1,由 v_1 可得 v_2,依此类推,可得 v_N. 取充分大的 N,可得充分精确的结果.

(2) 近似下降高度

$$h(t_i) = \int_0^{t_i} v(\zeta)\mathrm{d}\zeta \approx \sum_{j=1}^{i} v_j\tau \quad (\text{复合矩形公式}),$$

或 $$h(t_i) = \int_0^{t_i} v(\zeta)\mathrm{d}\zeta \approx \sum_{j=1}^{i} \frac{v_{j-1}+v_j}{2}\tau$$

$$= \tau\left[\frac{1}{2}v_0 + \sum_{j=1}^{i-1} v_j + \frac{1}{2}v_i\right] \quad (\text{复合梯形公式}).$$

取 $\dfrac{m}{\gamma}=5, g=9.8, T=10, \alpha(v)=\dfrac{6v}{v+1000}$. 程序如下:

```
mdgma = 5; g = 9.8; T = 10;
N = 20000; tau = T/N; t = linspace(0,T,N+1)';
v = zeros(size(t));
for ii = 1:N
    if ii == 1
        vvpower = 0;
    else
        alf = 6*v(ii)/(v(ii)+1000);
        vvpower = v(ii)^(1 + alf);
    end
    v(ii+1) = v(ii) + tau*(g - vvpower/mdgma);
end
```

```
%% 画出 v 的数值解
plot(t,v,'black');
xlabel('t (s)','FontSize',16);
ylabel('v (m/s)','FontSize',16);
grid on  %  加网格
%% 利用复合梯形公式计算 T 时刻的 H
weight = ones(size(t)); weight(1) = 1/2; weight(end) = 1/2;
weight = weight * tau;
H = weight' * v;
%% 屏幕输出 T 时刻的数值结果
fprintf(['N = ',num2str(N),'\n']);
fprintf(['t = ',num2str(T),'时数值结果\n']);
fprintf('速度 v: %.2f m/s\n',v(end));
fprintf('高度 h: %.2f m\n',H);
```

练习

1. 一水平放置的水箱(高 H m,水深 h m 处的横截面积为 $A(h)\text{m}^2$)中装满水. 现打开水箱底部的出水孔(面积 $a\text{m}^2$). 设重力加速度为 $g=10\text{m/s}^2$,出水口处的水流速度为 $v=\sqrt{2gh}\text{m/s}$.

(1) 用微分方程建立水深 h 与时间 t 的关系;

(2) 写出差分法的离散格式;

(3) 写出迭代计算的格式;

(4) 编写程序,并对下列两种情况,比较程序的结果和精确解:

(a) $H=1, A(h)=1, a=10^{-4}$;

(b) $H=1, A(h)=\sqrt{h}, a=10^{-4}$.

习题 14-3　微积分思想及其应用

知识提要

掌握利用微积分的先微后积思想对非均匀问题进行建模的方法.

示例

设无限长通电直导线 l，电荷在导线中的线密度为 λ. 现距其 r 处有点电荷 Q. 试求 Q 受到 l 的电场力. 建立 Q 在坐标原点的如下坐标系.

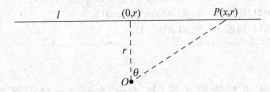

由于导线上的点到坐标原点的距离并非常数，故导线中电荷在原点处的场强和贡献的电场力并不恒定. 因此，要求点电荷 Q 受到的电场力，需要用到微积分的思想.

首先"微". 针对 l 上的某一点 $P(x,r)$ 来考虑问题. 设 P 处的导线微元段为 $\mathrm{d}x$，则对应的电量微元为 $\mathrm{d}q=\lambda\mathrm{d}x$. 由点电荷间的电场力公式，可得 Q 受到该 $\mathrm{d}q$ 的电场力 $\mathrm{d}\boldsymbol{F}$ 的大小为

$$|\mathrm{d}\boldsymbol{F}|=\frac{kQ\mathrm{d}q}{x^2+r^2}=\frac{kQ\lambda\mathrm{d}x}{x^2+r^2}.$$

由 $x=r\tan\theta$，有 $|\mathrm{d}\boldsymbol{F}|=\dfrac{kQ\lambda}{r}\mathrm{d}\theta$. 不失一般性，设 $\mathrm{d}\boldsymbol{F}$ 为引力，与 $\overrightarrow{OP}$ 同向. 于是

$$\mathrm{d}\boldsymbol{F}=(\mathrm{d}F_x,\mathrm{d}F_y)=\frac{kQ\lambda}{r}(\sin\theta,\cos\theta)\mathrm{d}\theta.$$

然后"积". 将导线上的所有点贡献的电场力微元积起来，则得到总的电场力

$$F_x=\int_l\mathrm{d}F_x=\int_{-\frac{\pi}{2}}^{\frac{\pi}{2}}\frac{kQ\lambda}{r}\sin\theta\mathrm{d}\theta=0,$$

$$F_y=\int_l\mathrm{d}F_y=\int_{-\frac{\pi}{2}}^{\frac{\pi}{2}}\frac{kQ\lambda}{r}\cos\theta\mathrm{d}\theta=\frac{2kQ\lambda}{r}.$$

练习

1. 设有长为 L 的通电直导线 l，电荷在导线中的线密度为 λ. 其中垂线上距其 r 处有点电荷 Q. 试推导 Q 受到 l 的电场力，并用 MATLAB 作出电场力随导线长度 L 的变化趋势图 $\left(\text{取 } r=1 \text{ 且 } F_\infty=\dfrac{2kQ\lambda}{r}=1\right)$.

2. 设有圆形（圆心为 O，半径为 R）通电直导线 l，电荷在导线中的线密度为 λ. 现距圆心距离 r 处有点电荷 Q. 以圆心为坐标原点，Q 与圆心的连线为 y 轴建立坐标系.

（1）推导 Q 受到 l 的电场力的积分式；

（2）作出 y 方向的电场力 F_y 随 r 的变化趋势图. 注意：(a) 简单起见，设 $kQ\lambda=R=1$；(b) 若该积分难以找到初等函数为原函数，则用 MATLAB 的数值积分函数求解.

3. 一根长为 l、线密度为 ρ 的均匀、柔软、拉紧并且两端固定的弦，张力为 T. 轻微拨动后，在某平面（记为 xOu）内作微小的横振动. 设两端的坐标分别为 $(0,0)$ 和 $(l,0)$. 用 $u(x,t)$ 表示各点在 t 时刻的横向位移. 试采用微积分思想，利用动量定理推导关于 $u(x,t)$ 的微分方程，以此描述弦振动的过程（提示：在"柔软"的假设下，弦上每一点所受张力的方向与弦的切线方向一致. 在"微小振动"的假设下，任一点处的切线倾角几乎为 0，可假设弦在振动过程中无伸长，张力保持不变）.

习题 14-4　级数的应用

知识提要

要求能用级数展开处理定积分,微分方程等问题.

示例

利用级数,计算 $\int_0^1 e^{x^2} dx$ 的近似值,要求精确到小数点后 8 位(误差限为 $\varepsilon = 10^{-8}$).

鉴于 $f(x) = e^{x^2}$ 在 $(-\infty, +\infty)$ 内无穷阶可导,考虑形式最简单的 Maclaurin 级数即可. 由于 $f(x)$ 的高阶导数形式复杂,难以估计余项,因此难以根据 ε 来得到最小的截断次数 N. 不妨采用数值方式,算法如下:首先,对 $n = 0, 1, 2, \cdots$ 进行循环.

第 1 步:利用函数 diff,求 $f^{(n)}(x)$;

第 2 步:利用函数 subs,将 $x = x_0 = 0$ 代入,求得 $f^{(n)}(0)$;若为 0,则此项不予考虑,对下一个 n 从第 1 步开始;若非 0,则进行下一步;

第 3 步:计算 $\int_0^1 \dfrac{f^{(n)}(0)}{n!}(x-0)^n dx = \dfrac{f^{(n)}(0)}{(n+1)!}$,判断其绝对值是否小于 ε:若是,则可中止循环,将前面的所有项相加,即可得到满足精度要求的结果;否则继续循环.

程序可参考

```
Item4Adds = [];
epsilon = 1e-8;
```

```
n = 0;
syms x
f = exp(x^2);
fprintf('n      f^{(n)}(0)    f^{(n)}(0)/(n+1)!\n');
while 1
    fdiffn = diff(f,x,n);
    fdiffnAt0 = subs(fdiffn,x,0);
    if fdiffnAt0
        Item4Add = fdiffnAt0/gamma(n+2); % gamma 函数:
                  gamma(n+1) = n!
        if abs(Item4Add) > epsilon
            Item4Adds(end + 1) = Item4Add;
            fprintf('%3d%20d%23.14e\n',n,fdiffnAt0,Item4Add);
        else
            break;
        end
    end
    n = n + 1;
end
fprintf('Int  =  %.15e\n',sum(Item4Adds));
```

运行结果为 $1.462651744728083e+00$,此时 $N = 20$. 与用 quad 得到的参考结果比较,达到精度要求. 为使读者有更直观的了解,将存储的 $f^{(n)}(0)$ 和 $\dfrac{f^{(n)}(0)}{(n+1)!}$ 列表如下:

n	$f^{(n)}(0)$	$\dfrac{f^{(n)}(0)}{(n+1)!}$
0	1	1
2	2	0.333333333333333
4	12	0.100000000000000

续表

n	$f^{(n)}(0)$	$\dfrac{f^{(n)}(0)}{(n+1)!}$
6	120	0.0238095238095238
8	1680	0.00462962962962963
10	30240	0.000757575757575758
12	665280	0.000106837606837607
14	17297280	1.32275132275132e-05
16	518918400	1.45891690009337e-06
18	17643225600	1.45038522231505e-07
20	670442572800	1.31225329638028e-08

练习

1. 利用 Maclaurin 级数,计算 $\int_0^1 \ln(1+x)\,\mathrm{d}x$ 的近似值,要求精确到小数点后 8 位,并与用 MATLAB 中 int 的所求结果比较.

2. 设 $f(x)$ 和 $u(x)$ 在 **R** 上无穷阶可导. 对于微分方程 $\dfrac{\mathrm{d}u}{\mathrm{d}x} = f(x), u(0) = u_0$,

(1) 利用 Maclaurin 级数,推导 $u(x)$ 的展开系数 $\{\tilde{u}_n\}$ 与 $f(x)$ 的展开系数 $\{\tilde{f}_n\}$ 之间的关系;

(2) 设 $f(x) = \mathrm{e}^{-x^2}, u_0 = 0$,

(a) 利用(1)的结果,求 $u(1)$ 的近似值,要求精确到小数点后 8 位;

(b) 直接求解该微分方程得 $u(1) = u(0) + \int_0^1 f(t)\,\mathrm{d}t = \int_0^1 \mathrm{e}^{-t^2}\,\mathrm{d}t$,用 MATLAB 函数 quad 求此积分[①],与(a)的结果比较,是否达到精度?若未达到,查阅关于 quad 函数的资料,如何更改程序,可得到更精确的结果?

---

① 可用 format long 显示更多小数位数.

总习题 14

1. 设有测量值 $\{(x_i, y_i), 1 \leq i \leq N\}$.

(1) 推导其拟合函数 $y = ax^2 + bx + c\ln x + d$ 的参数 a, b, c, d 满足的线性方程组；

(2) 对下表中的测量值：

(a) 编写程序求出拟合参数，并画出拟合图和误差图；

(b) 利用 MATLAB 的曲线拟合工具箱进行拟合.

i	1	2	3	4	5	6	7	8	9
x_i	1.020	1.482	2.045	2.453	2.994	3.488	4.027	4.530	4.969
y_i	6.027	0.816	−3.179	−5.016	−7.2941	−7.382	−8.064	−7.466	−6.414

2. 考虑阻尼斜抛运动. 以水平向右与竖直向上分别为 x, y 正向. 原点处有一质量为 m 的物体，以 $\mathbf{V}^0 = (u_x, u_y)(u_x > 0)$ 为初速度作阻尼斜抛运动，记 t 时刻的速度为 $\mathbf{V}(t) = (v_x(t), v_y(t))$. 物体在运动过程中，考虑受到重力和空气阻力，其中空气阻力与速度反向，且其大小 $f(\mathbf{V})$ 为已知函数.

(1) 用 $f(\mathbf{V}), v_x(t)$ 和 $v_y(t)$ 表达空气阻力的分量 $f_x(\mathbf{V})$ 和 $f_y(\mathbf{V})$；

(2) 对运动中的该物体进行受力分析，写出 x, y 方向的加速度，从而建立关于速度的微分方程组；

(3) 建立该问题的模型，即写出明确的微分方程组（包括定解条件）以及与各变量有关的计算公式；

(4) 写出模型的离散格式，并编写程序，其中 $f(\mathbf{V}) = \gamma|\mathbf{V}|^{1+\frac{6|\mathbf{V}|}{|\mathbf{V}|+1000}}$ $(\gamma = 0.2), m = 1, \mathbf{V}^0 = (10, 10)$，时间步长 $\tau = 10^{-3}$，要求：

(a) 作出 $t \in [0, 10]$ 时间段上物体在 x, y 方向的速度图，加速度图和运动轨迹（提示：运动轨迹坐标可用 x, y 方向的分速度通过数值积分得到）；

(b) 记录从何时开始，物体在竖直方向为匀速下落（y 方向的加速率小于 10^{-2}）？此时速率为多少？

(c) 记录从何时开始，物体开始竖直下落（x 方向的速率小于 10^{-2}）？此时速率为多少？

(5) 用 MATLAB 函数 ode45 求解此微分方程组[①]，要求作出 $t \in [0, 10]$ 时间段上物体在 x, y 方向的速度图.

3. 水平面上有一薄片 D，在力 $\mathbf{F}$ 的作用下绕水平面上的点 O 转动. 设 $\mathbf{F}$ 在 D 上的作用点为 P, $\overrightarrow{OP}$ 与 $\mathbf{F}$ 的夹角恒为 φ，且 $|\overrightarrow{OP}| = L$.

(1) 求 $\mathbf{F}$ 对 O 的力矩 M，并利用微积分思想，推导 $\mathbf{F}$ 使 D 由 α_0 转到 α 角所做的功 W，用 M 表示；

(2) 设 D 的半径为 R，圆心为 O，面密度为 ρ 的均匀圆片，它与水平面的动摩擦系数为 μ:

(a) 试利用微积分思想，求 D 在转动过程中所受到的摩擦力的总力矩 M；

(b) 利用 (1) 的结果，计算 D 逆时针转动 2π 摩擦力做的

---

① 用法可参考上册微分方程的程序实现部分.

功 W；

(3) 若 D 是面密度为 ρ、以 O 为中心的均匀椭圆片 $\dfrac{x^2}{a^2}+\dfrac{y^2}{b^2}\leqslant 1$，考虑(2)中所涉问题时会有何不同，解决时有何困难，能否设计方案解决？

4. 试利用级数求解弦振动方程的初边值问题

$$\begin{cases} \dfrac{\partial^2 u}{\partial t^2}=\gamma^2\dfrac{\partial^2 u}{\partial x^2}, & t>0, x\in(a,b), \\ u(x,0)=\varphi(x),\dfrac{\partial u}{\partial t}(x,0)=\psi(x), & x\in(a,b), \\ u(a,t)=\alpha(t),u(b,t)=\beta(t), & t>0. \end{cases}$$

步骤、提示与要求如下：

(1) 设 $u(x,t)=\sum\limits_{k=0}^{\infty}\sum\limits_{l=0}^{\infty}c_{kl}x^k t^l$，推导系数 $\{c_{kl}\}$ 需满足的无穷(线性)方程组；

(2) 对解函数进行截断，简便起见，数值解仍记为 $u(x,t)$，近似系数仍记为 $\{c_{kl}\}$，有 $u(x,t)=\sum\limits_{k=0}^{N}\sum\limits_{l=0}^{M}c_{kl}x^k t^l$；推导 $\{c_{kl}\}$ 需满足的(线性)方程组，并分析系数能否通过时间层的逐层迭代得到，即能否由 $j=0,1,\cdots,n$ 层的系数直接计算出 $j=n+1\leqslant M$ 层的系数；

(3) 编写程序，求微分方程的数值解(计算到 $t=2$)，其中 $a=0,b=1,\gamma=\dfrac{1}{2},\varphi(x)=\mathrm{e}^x-2x,\psi(x)=\gamma(\mathrm{e}^x-1),\alpha(t)=\mathrm{e}^{\gamma t}-\gamma t,\beta(t)=\mathrm{e}^{1+\gamma t}-2-\gamma t$，离散参数 $N=100, M=200$，要求：

(a) 将 $t=0,0.5,1,1.5,2$ 时的数值解作于一幅图中，每条曲线选取合适的线型，并配以图例，以便在黑白图中可以分辨清楚；

(b) $t=2$ 时刻，与精确解 $u(x,t)=\mathrm{e}^{x+\gamma t}-2x-\gamma t$ 进行比较，作出误差图.

5. 区间 $[0,L]$ 上有一比热为 $c(x)$，线密度为 $\rho(x)$ 的直导热线，仅考虑其在没有热源的情况下沿 x 方向的热量传递.

(1) 已知该导热线上某点处在无穷小时间段 $\mathrm{d}t$ 内流过的热量 $\mathrm{d}Q$ 与它沿 x 方向的导数成正比，其比例为 $k(x)$，且热量从高温侧流向低温侧. 试利用热量的流出量与温度的降低量成正比，推导微分方程，用以描述温度 u 随时间 t 和空间 x 的变化；

(2) 设 $c(x),\rho(x),k(x)$ 均为常数，且记 $\gamma=\dfrac{k}{c\rho}$，采用差分格式离散该方程，设时间和空间步长分别为 τ 和 h，记 t_j 时刻 x_i 处的数值解为 u_i^j，时间方向偏导数采用向前差分格式 $\dfrac{\partial u}{\partial t}\bigg|_{(x_i,t_j)}\approx\dfrac{u_i^{j+1}-u_i^j}{\tau}$，空间方向二阶偏导数采用中心差分格式 $\dfrac{\partial^2 u}{\partial x^2}\bigg|_{(x_i,t_j)}\approx\dfrac{u_{i+1}^j-2u_i^j+u_{i-1}^j}{h^2}$，试写出方程的离散格式；

(3) 在(2)的假设下，考虑初始条件 $u(x,0)=\varphi(x)$ 和边界条件 $\dfrac{\partial u}{\partial x}\bigg|_{x=0}=\dfrac{\partial u}{\partial x}\bigg|_{x=L}=0$，试写出初始条件和边界条件的差分离散格式；

(4) 将(2)、(3)中得到的方程组整理为可按时间层迭代的格式，每层写为矩阵形式；

(5) 设 $L=1\text{m}$. 已知初值函数 $\varphi(x)$ 理论上为二次多项式. 现对初始时刻的温度进行测量,得到如下表所示的测量值:

i	0	1	2	3	4	5	6	7
x_i/m	0	0.1	0.25	0.4	0.6	0.75	0.9	1
$\varphi_i/\text{℃}$	9.99	8.93	7.67	6.85	6.36	6.66	7.33	7.93

试对该组数据进行拟合,得到 $\varphi(x)$ 的近似表达式,系数保留 3 位有效数字;

(6) 试在由(5)得到的初始条件下,对由(4)得到的格式进行编程计算. 其中取 $\gamma=0.003, N=1000, \tau=10^{-4}$,要求:

(a) 将 $t=0,30,60,90$ 时的温度曲线作于一幅图中,每条曲线选取合适的线型,并配以图例,以便在黑白图中可以分辨清楚;

(b) 作出温差随时间的即时曲线图(每 0.1s 一个点);

(c) 记录从何时开始,整条直导热线上的温差不高于 1℃,0.1℃,0.01℃(结果保留 2 位小数).

参考答案

目　录

第 8 章　向量代数与空间解析几何 …………… 1

第 9 章　多元函数微分学 ……………………… 4

第 10 章　重积分 ………………………………… 9

第 11 章　曲线积分 ……………………………… 12

第 12 章　曲面积分 ……………………………… 14

第 13 章　无穷级数 ……………………………… 16

第 14 章　微积分的应用 ………………………… 18

第8章　向量代数与空间解析几何

习题 8-1　空间直角坐标系和空间向量的线性运算

1. B.

2. (1) 四，$(-2,-1,3)$；(2) $\sqrt{5},2\sqrt{2},\sqrt{5}$；(3) $5\boldsymbol{a}-7\boldsymbol{b}+11\boldsymbol{c}$；(4) $(3,4,3)$；(5) $-\dfrac{1}{2},6$；(6) $\pm\dfrac{1}{11}(6,7,-6)$；(7) 4.

3. $(a,-b,-c),(-a,b,-c),(-a,-b,c)$；$(-a,b,c),(a,-b,c),(a,b,-c)$.

4. $(-14,13,-16),-14,(0,13,0)$.

5. 2；$\left(-\dfrac{1}{2},-\dfrac{\sqrt{2}}{2},\dfrac{1}{2}\right)$；$\cos\alpha=-\dfrac{1}{2},\cos\beta=-\dfrac{\sqrt{2}}{2},\cos\gamma=\dfrac{1}{2}$；$\alpha=\dfrac{2\pi}{3},\beta=\dfrac{3\pi}{4},\gamma=\dfrac{\pi}{3}$.

6. A.

7. $(x-1)^2+(y+2)^2+(z-3)^2=14$.

8. (1) $(0,0,9)$；(2) $x+y-9=0$，平面直线；(3) $x+y+z-9=0$，平面.

9. $(0,1,-2)$.

10. 略.

习题 8-2　空间向量的数量积和向量积

1. (1) D；(2) C.

2. (1) $-10,2$；(2) 2；(3) $-5,\boldsymbol{i}-11\boldsymbol{j}+7\boldsymbol{k},\pi-\arccos\dfrac{5}{14}$.

3. (1) D；(2) A；(3) B.

4. (1) -2；(2) $-\dfrac{3}{2}$；(3) $\dfrac{\sqrt{19}}{2}$.

5. $(-4,2,-4)$.

6. $45,-3,(6,3,-6)$.

7. $\pm\dfrac{1}{5}(4,0,3)$.

8. (1) $4,(6,1,-10)$；(2) $\sqrt{137}$；(3) $\dfrac{4}{\sqrt{17}}$；(4) $\pm\dfrac{1}{\sqrt{137}}(6,1,-10)$.

9. 略.

10. $(14,10,2)$.

11. 15.

12. C.

13. $\sqrt{3}$.

14. -2.

15. $30\sqrt{2}$.

习题 8-3 空间平面

1. (1) B；(2) C；(3) A.

2. (1) (a) $B=0, D\neq 0$；(b) $C=D=0$；(c) $D=0$；(2) $2x+9y-6z-121=0$；(3) $y=-5$.

3. $x-3y+2z=0$.

4. $x+y-3z-4=0$.

5. $x+3y=0$.

6. $x+y+z=2$.

7. $2x-y-3z=0$.

8. $x+3y=0$ 或 $3x-y=0$.

习题 8-4 空间直线

1. (1) $\begin{cases} x=1+t, \\ y=2, \\ z=3-t; \end{cases}$ (2) $\dfrac{x+2}{2}=\dfrac{y-1}{1}=\dfrac{z}{1}$；(3) $\dfrac{x-4}{2}=\dfrac{y+1}{1}=\dfrac{z-3}{5}$；(4) $\dfrac{x-2}{9}=\dfrac{y-3}{-4}=\dfrac{z+5}{3}$；(5) $\dfrac{\pi}{3}$.

2. (1) $\dfrac{x+1}{5}=\dfrac{y}{-1}=\dfrac{z-2}{1}$；(2) -9；(3) $(-2,1,3)$, $\dfrac{x-1}{-2}=\dfrac{y-1}{1}=\dfrac{z-1}{3}$, $\begin{cases} x=1-2t, \\ y=1+t, \\ z=1+3t. \end{cases}$

3. (1) A；(2) D；(3) C；(4) B.

4. $x+2y+3z=0$.

5. $\dfrac{x}{-2}=\dfrac{y-2}{3}=\dfrac{z-4}{1}$.

6. 0.

7. $\left(-\dfrac{3}{2}, 1, \dfrac{1}{2}\right)$.

8. $3x+5y-7z=0$.

9. $\dfrac{x+1}{1}=\dfrac{y}{2}=\dfrac{z-4}{5}$.

10. $\dfrac{3}{\sqrt{2}}$.

11. $\begin{cases} 17x+31y-37z=117, \\ 4x-y+z-1=0. \end{cases}$

12. 略.

习题 8-5 空间曲面

1. (1) $(x-2)^2+y^2+z^2=1$；(2) x；(3) (a) 直线，平面；(b) 圆，圆柱面；(c) 双曲线，双曲柱面；(d) 抛物线，抛物柱面.

2. $\dfrac{z^2+x^2}{4}-\dfrac{y^2}{9}=1$, $\dfrac{z^2}{4}-\dfrac{x^2+y^2}{9}=1$.

3. $(x+1)^2+(y+1)^2+(z+2)^2=24$，球面.

4. (1) yOz 平面上的 $y^2+z^2=4$ 绕 y 或 z 轴旋转；xOy,zOx 平面上略；(2) xOy 平面上的 $\dfrac{x^2}{4}+y^2=1$ 或 zOx 平面上的 $\dfrac{x^2}{4}+z^2=1$ 绕 x 轴旋转；(3) yOz 平面上的 $y^2-z^2=4$ 或 zOx 平面上的 $x^2-z^2=4$ 绕 z 轴旋转；(4) yOz 平面上的 $-y^2+z^2=4$ 或 xOy 平面上的 $x^2-y^2=4$ 绕 y 轴旋转；(5) xOy 平面上的 x^2-

$y^2=4$ 或 zOx 平面上的 $x^2-z^2=4$ 绕 x 轴旋转.

5. 提示：将曲面看作 yOz 平面上的 $y^2-z^2=4$ 绕 z 轴进行椭圆旋转（即非等半径旋转）而成.

习题 8-6　空间曲线

1. （1）两直线的交点，两平面的交线；（2）椭圆与直线的交点，椭圆柱面与平面的交线.

2. $\begin{cases} 3y+z-1=0, \\ x=0, \end{cases}$ $\begin{cases} 6x+z+14=0, \\ y=0, \end{cases}$ $\begin{cases} 2x-y+5=0, \\ z=0. \end{cases}$

3. $3y^2-z^2=16, 3x^2+2z^2=16$.

4. $5x^2-3y^2=1$.

5. $\begin{cases} y^2 \leqslant z \leqslant 4, \\ x=0, \end{cases}$ $\begin{cases} x^2 \leqslant z \leqslant 4, \\ y=0, \end{cases}$ $\begin{cases} x^2+y^2 \leqslant 4, \\ z=0. \end{cases}$

6. $\begin{cases} 3x^2+2y^2 \leqslant 1, \\ z=0. \end{cases}$

7. C.

8. $\begin{cases} 0 \leqslant z \leqslant \sqrt{a^2-y^2}, \\ |y| \leqslant \dfrac{a}{2}, \\ x=0, \end{cases}$ $\begin{cases} x^2+z^2 \leqslant a^2, \\ x,z \geqslant 0, \\ y=0, \end{cases}$ $\begin{cases} x^2+y^2 \leqslant ax, \\ z=0. \end{cases}$

习题 8-P　程序实现

1. （1）a = [1,2,2]; b = [5,1,3]; c = dot(a,b); fprintf('a.b = '); disp(c); d = sqrt(dot(a,a)); fprintf('|a| = '); disp(d);

（2）a = [1,2,2]; b = [5,1,3]; c = a*b'; fprintf('a.b = '); disp(c); d = sqrt(a*a'); fprintf('|a| = '); disp(d);

2. a = [1,2,2]; b = [5,1,3]; cross(a,b)

3. a = [1,2,2]; b = [5,1,3]; c = [3,1,1]; dot(cross(a,b),c)

4. t = -3:1e-3:3; cz = sqrt(9 - t.^2); x = cz.*cos(2*pi*t); y = cz.*sin(2*pi*t); z = t; plot3(x,y,z); axis equal; pause; view(270,90); axis equal;　% pause 用以暂停，按任意键继续

5. x = -2:1e-1:2; y = x; [X,Y] = meshgrid(x,y); Z = X.*exp(-X.^2-Y.^2); mesh(X,Y,Z);

6. x = -2:1e-1:2; y = x; [X,Y] = meshgrid(x,y); Z = X.*exp(-X.^2-Y.^2); n = 20; subplot(1,2,1); contour3(X,Y,Z,n); subplot(1,2,2); contour(X,Y,Z,n);

7. a = -pi; b = pi; x = linspace(a,b,1001); y = sin(x); plot(x,y); hold on; X = linspace(a,b,11); Y = sin(X); TX = ones(size(X)); TY = cos(X); plot(X,Y,'o'); quiver(X,Y,TX,TY,0.3);

总习题 8

1. （1）B；（2）A；（3）D；（4）C；（5）C；（6）B.

2. （1）$(-1,2,-3)$；（2）14；（3）2；（4）$\pm\dfrac{1}{\sqrt{2}}(0,-1,1)$；

（5）$\pi-\arccos\dfrac{\sqrt{6}}{3}$；（6）5；（7）$\dfrac{6\sqrt{2}}{5}$；（8）$3x-7y+5z-4=0$；

（9）$-16x+14y+11z=1$.

3. （1）$(14,10,2)$；（2）30；（3）$3x+5y+z-2=0$；

(4) $8x-9y-22z-59=0$; (5) $7x+8y-10z=9$;

(6) $\begin{cases} -x+y-z+1=0, \\ x+2y+z=0; \end{cases}$ (7) $\dfrac{x+1}{16}=\dfrac{y}{19}=\dfrac{z-4}{28}$; (8) $(4,7,-1)$;

(9) $(3,6,5)$; (10) $x+2y+1=0$; (11) $\dfrac{x-2}{3}=\dfrac{y-3}{1}=\dfrac{z-1}{-4}$;

(12) $\begin{cases} 2y^2+2yz+z^2-4y-3z+2=0, \\ x=0, \end{cases}$ $\begin{cases} 2x^2+2xz+z^2-4x-3z+2=0, \\ y=0, \end{cases}$

$\begin{cases} x^2+y^2=x+y, \\ z=0. \end{cases}$

第9章 多元函数微分学

习题 9-1 多元函数的基本概念

1. (1) D; (2) C; (3) C.

2. $\{(x,y)\mid -x<y<x\}$.

3. $\left\{(x,y)\,\middle|\, -\dfrac{1}{2}\leqslant x\leqslant\dfrac{1}{2},y^2\leqslant 4x,0<x^2+y^2<1\right\}$.

4. 在 $y^2=2x$ 处间断.

5. 略.

6. A.

7. $\dfrac{1-y}{1+y}x^2$.

8. 6. 提示：方法 1，等价无穷小量；方法 2，有理化.

9. C.

习题 9-2 偏导数

1. B.

2. $\dfrac{\partial u}{\partial x}=\alpha x^{\alpha-1}y^\beta, \dfrac{\partial u}{\partial y}=\beta x^\alpha y^{\beta-1}, \dfrac{\partial^2 u}{\partial x^2}=\alpha(\alpha-1)x^{\alpha-2}y^\beta, \dfrac{\partial^2 u}{\partial x\partial y}=\alpha\beta x^{\alpha-1}y^{\beta-1}, \dfrac{\partial^2 u}{\partial^2 y}=\beta(\beta-1)x^\alpha y^{\beta-2}$.

3. $2y, 2z$.

4. C.

5. A.

6. $1, \dfrac{1}{2}, \dfrac{1}{2}$.

7. -1.

8. $1+e$.

9. $\dfrac{2xy}{1+(x^2y)^2}, \dfrac{x^2}{1+(x^2y)^2}$.

10. $yz\cos(xyz)+2xy, xz\cos(xyz)+x^2, xy\cos(xyz)+6z$.

11. $\dfrac{1}{\sqrt{2}}, -\dfrac{1}{2\sqrt{2}}$.

12. $\dfrac{\pi}{4}$.

13. $(1+x^2y)^x\left[\ln(1+x^2y)+\dfrac{2x^2y}{1+x^2y}\right]$.

习题 9-3 全微分

1. (1) D; (2) A; (3) C; (4) B.

2. $dz = x^{\sin y - 1}(\sin y\, dx + x\ln x \cos y\, dy)$.

3. $(4 + 2e^2)dx + (4 + e^2)dy$.

4. $\frac{1}{2}dx - \frac{1}{4}dy - \frac{1}{2}\ln 2\, dz$.

习题 9-4 多元复合函数的求导法则

1. B.

2. $-\sin 2t \cdot \ln\ln t + \frac{\cos^2 t}{t\ln t}$.

3. $2(2x+3y)^{2x+3y}[1+\ln(2x+3y)]$, $3(2x+3y)^{2x+3y}[1+\ln(2x+3y)]$.

4. $f'(3x^2 y)(6xy\, dx + 3x^2 dy)$.

5. $e^x \sin y \cdot f_1' - \frac{y}{x^2}f_2'$.

6. $\frac{\partial z}{\partial x} = 2xf'$, $\frac{\partial z}{\partial y} = 2y(1-f')$, $y\frac{\partial z}{\partial x} + x\frac{\partial z}{\partial y} = 2xy$.

7. $y^2\left(e^y f_1' + \frac{1}{y}f_2'\right) + g$; $2yf + y^2\left(xe^y f_1' - \frac{x}{y^2}f_2'\right) + xg' \cdot \cos y$.

8. $\frac{\partial^2 z}{\partial x^2} = 2f' + 4x^2 f''$, $\frac{\partial^2 z}{\partial y^2} = 2f' + 4y^2 f''$, $\frac{\partial^2 z}{\partial x \partial y} = 4xy f''$.

9. $f''(r) + \frac{2}{r}f'(r)$.

10. A.

11. $[\cos(x+y) + x^2 \sin(x+y)\cos y]e^{x^2 \sin y}$.

习题 9-5 隐函数的求导法则

1. A.

2. $-\frac{yz+2x}{xy+2z}$, $-\frac{xz+2y}{xy+2z}$.

3. $\frac{-2xy}{\cos y + x^2 + e^{-y}}$.

4. $\frac{\partial z}{\partial x} = \frac{x}{e^z - 3z}$, $\frac{\partial z}{\partial y} = \frac{2y}{e^z - 3z}$.

5. $\frac{x+y}{x-y}$.

6. $\frac{2-3e^z}{2ye^z - 1}$, $\frac{3-4y}{2ye^z - 1}$.

7. $\frac{f' - 2x}{2z}$, $\frac{-2y^2 + yf - xf'}{2yz}$.

8. C.

9. B.

10. $\left(y + \frac{3z^2}{2y-3xz}\right)\cos(xy+3z)$, $\left(x - \frac{3z}{2y-3xz}\right)\cos(xy+3z)$.

11. $\frac{2x(e^t - 1)}{2y(e^t - 1) - 1}$. 提示：将方程组左右两边关于所选参数求导.

12. $-\frac{z}{x(1+z)^3}$.

习题 9-6 多元函数微分学的应用——曲线的切向量与曲面的法向量

1. C.

2. $(3, -2, 1)$, $\frac{x-1}{3} = \frac{y+1}{-2} = \frac{z-1}{1}$, $3x - 2y + z = 6$.

3. $(2,1,1)$, $\dfrac{x-1}{2}=\dfrac{y-2}{1}=\dfrac{z-0}{1}$, $2x+y+z-4=0$.

4. $\dfrac{x+1-\frac{\pi}{2}}{1}=\dfrac{y-1}{1}=\dfrac{z-2\sqrt{2}}{\sqrt{2}}$, $x+y+\sqrt{2}z-\dfrac{\pi}{2}-4=0$.

5. A.

6. B.

7. $\left(\dfrac{1}{2},\dfrac{1}{2},\dfrac{5}{4}\right),\dfrac{5}{4}$.

8. $\left(-\dfrac{1}{27},\dfrac{2}{9},-\dfrac{1}{3}\right)$ 或 $(-1,2,-1)$.

9. $\dfrac{x-1}{4}=\dfrac{y-1}{6}=\dfrac{z-2}{-1}$, $4x+6y-z-8=0$.

10. $2x+2y+z-4=0$.

11. $\dfrac{x-\pi}{1+\ln\pi}=\dfrac{y-\pi}{1+\ln\pi}=\dfrac{z-\pi}{-\ln\pi}$.

12. $\dfrac{20}{3}$.

13. $\dfrac{x-2}{2}=\dfrac{y+1}{3}=\dfrac{z}{1}$, $2x+3y+z-1=0$.

14. $\dfrac{3}{\sqrt{22}}$.

15. 提示：证明切平面方程不含常数项.

16. $\dfrac{x-1}{1}=\dfrac{y-1}{-2}=\dfrac{z-1}{-1}$. 提示：由隐函数组的偏导求法可得切向量$(1,-2,-1)$.

17. (1) 答案见知识提要；(2) 提示：$\boldsymbol{T}=\boldsymbol{n}_1\times\boldsymbol{n}_2=(F'_x,F'_y,F'_z)\times(G'_x,G'_y,G'_z)$.

习题 9-7 多元函数微分学的应用——方向导数与梯度

1. (1) A；(2) D；(3) B.

2. $(4,4,2)$, 6.

3. $\dfrac{16}{\sqrt{3}}$.

4. A.

5. $(1,1),(-1,-1),\pm(1,-1)$.

6. $(1,1,1)$, $\dfrac{4}{\sqrt{14}}$.

7. $\dfrac{22}{\sqrt{14}}$.

8. $|a|=|b|=|c|\neq 0$.

9. $\dfrac{2+\ln 2}{\sqrt{5}}$.

10. $\dfrac{2}{\sqrt{5}}$.

习题 9-8 多元函数微分学的应用——极值与最值

1. $(0,0)$.

2. 大, 2.

3. (1) B；(2) A；(3) C；(4) B.

4. $(-1,0),(1,0)$.

5. 极大值 $z|_{(0,0)}=0$，极小值 $z|_{(2,2)}=-8$. 注：驻点$(0,0)$，

(0,2),(2,0),(2,2).

6. (1) $a=-5, b=2$; (2) $f_{极小}(1,-1)=-4$.

7. $\left(\dfrac{8}{5}, \dfrac{16}{5}\right)$.

8. $\dfrac{2}{\sqrt{5}}$. 注:P 在 l 上的垂点为 $\left(\dfrac{7}{5}, \dfrac{9}{5}, 1\right)$.

9. 取到极大值. 证明略.

10. 极小值 2. 提示: 由题意得函数 $g(x,y)=f(x,y,z)=2x^2+y^2+2$, 再求 $g(x,y)$ 的驻点.

11. 不能;与定义二元函数的极限时的情况类似,需要考虑各方式和各方向的"单调性",难以进行判断;即使能够写出相应判别法,实现起来也很困难.

12. 略.

习题 9-P 程序实现

1.
```
syms x y; z = x*exp(x^2 + y^2 - 1); pzpx = diff(z,x,1);
disp('pzpx = '); disp(pzpx); pzpy = diff(z,y,1); disp('pzpy = ');
disp(pzpy); p2zpxy = diff(pzpx,y,1); disp('p2z/pxpy = ');
disp(p2zpxy); fprintf('p2z/pxpy |_{(0,1)} = '); disp(subs(p2zpxy,[x,y],[0,1]));
```

2. (1)
```
syms x y; u = sin(x*y); v = cos(x*y); z = u^2 - v^2;
pzpx = diff(z,x,1)
```

(2)

```
syms x y u v; z = u^2 - v^2;
pzpu = diff(z,u,1); pzpv = diff(z,v,1);   % 将 u,v 视为 z 的自变量,求偏导
u_ep = sin(x*y); v_ep = cos(x*y);         % u,v 关于 x,y 的表达式
pzpu = subs(pzpu,[u,v],[u_ep,v_ep]);
pzpv = subs(pzpv,[u,v],[u_ep,v_ep]);      % 将 u,v 的符号表达式代入两个偏导式中
u = u_ep; v = v_ep;
pupx = diff(u,x,1); pvpx = diff(v,x,1);   % 将 x,y 视为 u,v 的自变量,求偏导
pzpx = pzpu*pupx + pzpv*pvpx
```

3. 略.

4.

```
syms t; x = t*cos(t); y = t*sin(t); z = t;
%% 曲线图
tc = linspace(-pi,pi,601); xc = subs(x,t,tc); yc = subs(y,t,tc); zc = subs(z,t,tc);
plot3(xc,yc,zc); hold on; xlabel('x'); ylabel('y'); zlabel('z'); pause;
%% t = 0 处的坐标和切线斜率
x0 = subs(x,t,0); y0 = subs(y,t,0); z0 = subs(z,t,0);
xp = diff(x,t); yp = diff(y,t); zp = diff(z,t);
xp0 = subs(xp,t,0); yp0 = subs(yp,t,0); zp0 = subs(zp,t,0);
%% 切线图
tt = linspace(-2,2,401); xt = x0 + xp0*tt; yt = y0 + yp0*tt; zt = z0 + zp0*tt;
plot3(xt,yt,zt,'r'); pause; % r 表示红色
%% 法平面图
xn = linspace(-pi,pi,201); yn = xn; [Xn,Yn] = meshgrid(xn,yn); Zn = z0 - (xp0*(Xn - x0) + yp0*(Yn - y0))/zp0;
mesh(Xn,Yn,Zn); axis equal
```

5.
```
%% 曲面图
xc = linspace(-pi,pi,101); yc = xc; [Xc,Yc] = meshgrid(xc,yc);
Zc = sin(Xc).*cos(Yc); mesh(Xc,Yc,Zc);
xlabel('x'); ylabel('y'); zlabel('z'); hold on; pause;
%% 法线图
syms x y z; F = sin(x)*cos(y) - z;
P = [pi/4,pi/4,1/2];
Fx = diff(F,x); Fy = diff(F,y); Fz = diff(F,z);
FxP = subs(Fx,[x,y,z],P); FyP = subs(Fy,[x,y,z],P); FzP = subs(Fz,[x,y,z],P);
t = linspace(-2,2,401); xn = P(1) + FxP*t; yn = P(2) + FyP*t; zn = P(3) + FzP*t;
plot3(xn,yn,zn,'black'); pause; % black 表示黑色
%% 切平面图
xt = linspace(P(1)-pi/2,P(1)+pi/2,101); yt = linspace(P(2)-pi/2,P(2)+pi/2,101);
[Xt,Yt] = meshgrid(xt,yt); Zt = P(3) - (FxP*(Xt - P(1)) + FyP*(Yt - P(2)))/FzP;
mesh(Xt,Yt,Zt); axis equal
```

6. `syms x y; z = x*y; gradient(z,[x,y])`

7.
```
a = -1; b = 1;
%% 曲面的等值线图
x = linspace(a,b,201); y = x; [X,Y] = meshgrid(x,y);
Z = X.*Y; contour(X,Y,Z,20); hold on
%% 梯度矢量图
N = 20; h = (b - a)/N; x = linspace(a,b,N+1); y = x;
[X,Y] = meshgrid(x,y); Z = X.*Y;
[GX,GY] = gradient(Z,h,h); quiver(X,Y,GX,GY); axis equal
% 关系：密度越大，梯度矢量越长
```

8.

（1）函数：
```
function z = f_mbExcr(t)
    x = t(1); y = t(2); z = x^2*(2 + y*2) + y*log(y);
end
```

调用：
```
[X,fval,exitflag] = fmincon('f_mbExcr',[0,1],[],[],[],[],[-1,0],[1,1])
```

（2）`A = [1,1; -1,1]; b = [1; 1]; [X,fval,exitflag] = fmincon('f_mbExcr',[0,1/2],A,b,[],[],[-inf,0],[])`

提示：转化为优化问题 $\min z = x^2(2+y^2) + y\ln y$

$$\text{s.t.} \quad x+y \leqslant 1$$
$$-x+y \leqslant 1$$
$$y \geqslant 0;$$

对 x 没有明确约束时，可设下限为 $-\infty$，上限为 $+\infty$。

（3）函数：
```
function [b,beq] = f_nlysExcr(t)
    x = t(1); y = t(2);
```

```
        b(1) = x^2 + y^2 - 1;
        beq(1) = 0;
    end
```

调用：

```
[X,fval,exitflag] = fmincon('f_mbExcr',[0,1/2],[],[],[],[],[-inf,0],[],'f_nlysExcr')
```

总习题 9

1. (1) B；(2) D；(3) A；(4) C；(5) A；(6) C；(7) B；(8) C；(9) B.

2. (1) $\{(x,y) | y > x^2, x^2+y^2 \leqslant 1\}$；(2) $2f_1' + f_2' \cdot \cos x$，$-f_1'$，$-2f_{11}'' - f_{21}'' \cdot \cos x$；(3) 30；(4) $4, -8, 2$.

3. (1) $\dfrac{\pi}{6}$；(2) $\mathrm{d}x - \mathrm{d}y$；(3) $6uv(3uvx + u^2y)$，$6uv(-5uvy + u^2x)$，再将 $u = 3x^2 - 5y^2$，$v = 3xy$ 代入；(4) $2x + 2y + 5z - 11 = 0$，$\dfrac{x-2}{2} = \dfrac{y-1}{2} = \dfrac{z-1}{5}$；(5) $\dfrac{x-1}{1} = \dfrac{y-2}{1} = \dfrac{z-1}{1}$，$x + 2y + z - 6 = 0$；(6) $\sigma = \dfrac{a^3}{3\sqrt{3}}$；(7) $(m\pi, (m-n)\pi)$，其中 $m, n \in \mathbf{Z}$；(8) 极小值 $z(1,1) = -1$；(9) $\dfrac{1}{8}$. 提示：将条件代入函数得 $u = \sin x \sin y \cos(x+y)$，再由 $\begin{cases} u_x' = 0 \\ u_y' = 0 \end{cases}$ 得 $x = y = z = \dfrac{\pi}{6}$；(10) $\boldsymbol{v}_0 = (-3, 0, 5)$，$\boldsymbol{a}_0 = (0, -2, 0)$，$|\boldsymbol{v}| = \sqrt{5\sin^2 t + 29}$；(11) $\dfrac{4}{5\sqrt{17}}$；(12) (a) $(f_x, f_y)|_{P_0}$，$\dfrac{(af_x + bf_y)|_{P_0}}{\sqrt{a^2+b^2}}$；(b) $\dfrac{\partial f}{\partial l} = |\nabla f| \cos\theta$，其中 θ 为 ∇f 与 l 的夹角；当 $\theta = 0$，即 l 与 ∇f 同向时，方向导数达到最大值 $|\nabla f|$；当 $\theta = \pi$，即 l 与 ∇f 反向时，方向导数达到最小值为 $-|\nabla f|$；(13) 等边三角形. 提示：设三角形的周长为 $2p$，三边边长分别为 x, y, z，则 $S^2 = p(p-x)(p-y)(p-z)$；视 $x+y+z = 2p$ 为约束条件，利用 Lagrange 乘数法，求得 $x = y = z = \dfrac{2p}{3}$；(14) $\dfrac{(\sqrt{a^3}, \sqrt{b^3}, \sqrt{c^3})}{\sqrt{a+b+c}}$；(15) (a) $-\dfrac{q}{r^3}(x,y,z)$；(b) $\boldsymbol{E} = \dfrac{q}{r^3}(x,y,z) = -\nabla V$.

第 10 章 重 积 分

习题 10-1 二重积分的概念与性质

1. (1) D；(2) C；(3) A.

2. (1) 第 i 个小闭区域，以及它的面积；小闭区域的直径的最大值；(2) $\sqrt{2}$；(3) x 和 y，$x\sin\dfrac{y}{x}$，$\mathrm{d}x\mathrm{d}y$；(4) $>$；(5) 0；(6) $\dfrac{2}{3}\pi a^3$；(7) πa^2；(8) $I_2 < I_1 < I_3$.

3. (1) C；(2) B；(3) C；(4) C；(5) B.

4. 0.

5. $[50, 100]$.

习题 10-2 直角坐标系下的二重积分

1. (1) $\notin$; (2) $\left[\frac{1}{2}, 1\right]$; (3) $\left[-1, \frac{1}{3}\right]$; (4) $x \leqslant y \leqslant 1, -1 \leqslant x \leqslant 1$; (5) $-1 \leqslant x \leqslant y, -1 \leqslant y \leqslant 1$.

2. B.

3. (1) $\frac{1}{2}$; (2) $\frac{1}{8}$.

4. (1) $\int_{-1}^{2} dx \int_{x^2}^{x+2} f(x, y) dy$; (2) $\int_{0}^{1} dy \int_{1-y}^{1+y^2} f(x, y) dx$.

5. $\ln 2 - \frac{7}{24}$.

6. $\frac{15}{8} - \frac{1}{2} \ln 2$.

7. $\frac{1}{3}$.

8. (1) $\int_{0}^{1} dy \int_{e^y}^{e} f(x, y) dx$; (2) $\int_{0}^{1} dy \int_{-\sqrt{1-y^2}}^{\sqrt{1-y^2}} f(x, y) dx$.

9. (1) B; (2) D.

10. e^{-1}.

11. $\frac{1}{3}(1 - \cos 1)$.

12. $\frac{1}{2}(1 - e^{-1})$.

13. 提示：交换积分次序.

习题 10-3 极坐标系下的二重积分

1. (1) $\theta = 0, \theta = \frac{\pi}{4}, \rho = \sec\theta$; (2) $\left[0, \frac{2}{\sqrt{3}}\right]$; (3) $0 \leqslant \rho \leqslant \sec\theta, 0 \leqslant \theta \leqslant \frac{\pi}{4}$.

2. $\pi(e^4 - 1)$.

3. $\frac{3\pi^2}{64}$.

4. (1) $\int_{0}^{\pi} d\theta \int_{0}^{1} \rho f(\rho) d\rho$; (2) $\int_{0}^{\frac{\pi}{4}} f(\cot\theta) d\theta \int_{\tan\theta\sec\theta}^{\sec\theta} \rho d\rho$.

5. (1) B; (2) D; (3) A.

6. (1) $\frac{9}{4}$; (2) $\frac{41}{2}\pi$.

7. (1) $\frac{3}{4}\pi a^4$; (2) $\frac{\pi}{4}(2\ln 2 - 1)$.

8. $\frac{1}{\pi}\left(\sqrt{x^2 + y^2} + \frac{2}{3}\right)$.

9. $\frac{\pi}{8}(\pi - 2)$.

10. $-\pi$.

11. $\frac{\sqrt{\pi}}{2}$.

习题 10-4 三重积分

1. $\frac{4}{3}\pi R^3$.

2. (1) $\in$; (2) $[0,3]$; (3) $0 \leqslant y \leqslant 4-x, 0 \leqslant x \leqslant 4$; (4) $0 \leqslant y \leqslant 2-x, 0 \leqslant x \leqslant 2$.

3. $\int_0^{2\pi} d\theta \int_0^2 \rho d\rho \int_{\rho^2}^4 f(\rho^2+z^2) dz$.

4. $\frac{1}{3}$.

5. $\frac{2^{10}}{3}\pi$.

6. $\frac{\pi}{2}$.

7. (1) C; (2) B.

8. $\int_0^{2\pi} d\theta \int_0^1 \rho d\rho \int_0^\rho f(\rho\cos\theta, \rho\sin\theta, z) dz$.

9. $\frac{1}{48}$.

10. $\frac{256}{3}\pi$.

11. $\frac{15}{4}\pi$.

12. $\frac{\pi}{3}(e-1)$.

习题 10-5 重积分的应用

1. (1) C; (2) A.

2. (1) x, 转动惯量; (2) $\sqrt{2}, x^2+y^2 \leqslant 2x, \iint_D \sqrt{2} dxdy, \sqrt{2}\pi$.

3. $\frac{4}{3}$.

4. (1) D; (2) B.

5. 8π.

6. $\frac{4\pi}{3}(\sqrt{2}-1)$.

7. 6π.

8. $\sqrt{2}\pi$.

9. A.

10. (1) $\frac{5}{6}\pi$; (2) $\left(0,0,\frac{9}{10}\right)$(提示：质心的横纵坐标可利用被积函数为积分区域上的奇函数得到为0，竖坐标的计算中 $\iiint_\Omega z dv = \frac{3}{4}\pi$); (3) $\frac{4}{15}\pi\mu_0$.

习题 10-P 程序实现

1. (1) 略；

(2) syms x y; f = x*y; phi = 1/y; psi = y; intx = int(f,x,phi,psi); a = 1; b = 2; intf = int(intx,y,a,b). 提示：二次积分 $\int_1^2 dy \int_{1/y}^y xy dx$;

(3) syms r theta; f = exp(r^2)*r; phi = 0; psi = 2; intr = int(f,r,phi,psi); a = 0; b = 2*pi; intf = int(intr,theta,a,b). 提示：二次积分 $\int_0^{2\pi} d\theta \int_0^2 e^{r^2} r dr$.

2. (1) 略；

(2) syms r theta z; f = (r^2 + z)*r; z1 = r^2/2; z2 = 2; intz = int(f,z,z1,z2); phi = 0; psi = 2; intzr = int(intz,r,phi,

psi); a = 0; b = 2 * pi; intf = int(intzr, theta, a, b). 提示：

三次积分 $\int_0^{2\pi} d\theta \int_0^2 dr \int_{\frac{1}{2}r^2}^2 (r^2+z) r dz$.

3. (1) 略；

(2) f = @(x,y,z)((x.^2 + y.^2 + z).*(x.^2 + y.^2 <= 2 * z)); I = triplequad(f,-2,2,-2,2,0,2); IExact = 32 * pi/3; fprintf('数值积分结果：%.10f\n精确积分结果：%.10f\n误差：%.2e\n',I,IExact,I - IExact);

总习题 10

1. (1) $<$；(2) $\int_0^2 dx \int_x^2 f(x,y) dy$, $\int_0^2 dy \int_0^y f(x,y) dx$, $\int_{\frac{\pi}{4}}^{\frac{\pi}{2}} d\theta \int_0^{2\csc\theta} f(\rho\cos\theta, \rho\sin\theta) \rho d\rho$；(3) $\int_{-\frac{\pi}{2}}^{\frac{\pi}{2}} d\theta \int_{a\cos\theta}^{2a\cos\theta} f(\rho\cos\theta,\rho\sin\theta)\rho d\rho$；(4) $\int_0^1 dx \int_0^{1-x} dy \int_0^{1-x-y} f(x,y,z) dz$.

2. (1) B；(2) A；(3) A；(4) B；(5) C.

3. (1) $\frac{1}{3}(1-\cos 1)$；(2) $e-1$；(3) $-6\pi^2$；(4) $\frac{\sqrt{3}}{4} + \frac{2\pi}{3}$；(5) $\frac{8}{9}$；(6) $\frac{1}{2}\left(1 - \frac{\sqrt{2}}{2}\right)\pi a^4$.

4. (1) $\frac{32}{3}\pi$；(2) $\frac{\pi}{6}(5^{\frac{3}{2}}-1)$；(3) $\left(0, 0, \frac{3}{8}R\right)$. 提示：$\iiint_\Omega z dv = \frac{\pi}{4}R^4, V = \iiint_\Omega dv = \frac{2}{3}\pi R^3$；(4) $\frac{4}{5}\pi$. 提示：(a) 用球坐标有 $F(t) = \int_0^{2\pi} d\theta \int_0^\pi d\varphi \int_0^t f(r^2) r^2 \sin\varphi dr = 4\pi \int_0^t f(r^2) r^2 dr$；(b) 极限用洛必达法则.

第 11 章 曲 线 积 分

习题 11-1 对弧长的曲线积分

1. (1) $(d\cos\theta)^2 + (d\sin\theta)^2, 1, \theta$；(2) $(dx)^2 + (d(x^2))^2, \sqrt{1+4x^2}, x$.

2. (1) A；(2) D.

3. $\sqrt{2}$.

4. $\frac{\sqrt{2}}{2} + \frac{1}{12}(5\sqrt{5}-1)$.

5. 2.

6. (1) $(d\cos^2\theta)^2 + (d(\sin\theta\cos\theta))^2, 1, \theta$；(2) $(d\cos\theta)^2 + (d\sin\theta)^2 + (d\theta)^2, \sqrt{2}, \theta$；(3) $(dx)^2 + (dx)^2 + \left(d\frac{1}{2}x^2\right)^2, \sqrt{2+x^2}, x$.

7. (1) D；(2) C.

8. $\frac{\pi}{4} Re^R + 2(e^R - 1)$.

9. $9\sqrt{6}$. 提示：先写出直线的参数方程.

10. $\frac{\sqrt{3}}{2}(1 - e^{-2\pi})$.

11. $2\pi a^2$. 提示：将 $x = y$ 代入 $x^2 + y^2 + z^2 = a^2$ 得 L 满足 $2y^2 + z^2 = a^2$. 方法 1：将此式直接代入积分；方法 2：L 的参数方程 $\begin{cases} x = y = \frac{a}{\sqrt{2}}\cos\theta, \\ z = a\sin\theta \end{cases} (0 \leqslant \theta \leqslant 2\pi)$.

12. 提示：利用隐函数的求导法则.

13. 提示：利用方程组确定的隐函数组的求导法则.

习题 11-2　对坐标的曲线积分

1. (1) A；(2) D.

2. $\dfrac{8}{15}$.

3. 3.

4. 13.

5. 0.

6. 0. 提示：先将 L 满足的方程 $|x|+|y|=1$ 代入.

7. -8π.

8. B.

习题 11-3　Green 公式(a)

1. D.

2. C.

3. 2.

4. 2.

5. B.

6. $\dfrac{3}{8}\pi a^2$.

7. $\dfrac{135}{2}\pi$.

8. $-\dfrac{4}{3}$.

9. 4.

10. 略.

11. (1) $m+9\mathrm{e}^4-\mathrm{e}^2+6$；(2) 积分路径选取平行于坐标轴的折线段.

12. $-\dfrac{4}{3}ab^2$.

习题 11-4　Green 公式(b)

1. (1) C；(2) D；(3) B.

2. (1) 0；(2) $\dfrac{1}{2}$.

3. D

4. (1) D；(2) C；(3) A.

5. 1.

6. 略.

7. x^2+y^2-xy+C.

8. $x^2\cos y+y^2\cos x+C$.

9. A.

10. $f(2)\sin 1-4$.

11. $x^2,\dfrac{1}{2}$.

12. $\mathrm{e}^2-\dfrac{7}{2}$.

13. $I=\mathrm{e}^a\cos b-1$.

13

习题 11-P 程序实现

1. (1) (a) syms x; int(2*sqrt(2)*x,x,0,1)

   (b) syms t; int(cos(t) + sin(t),t,0,pi/2)

   (2) quad(@(t)sqrt(4*sin(t).^2 + 9*cos(t).^2),0,2*pi).

提示：椭圆方程的参数式 $L: \begin{cases} x=2\cos t, \\ y=3\sin t \end{cases} (0 \leqslant t \leqslant 2\pi)$，周长 $\int_L \mathrm{d}s = \int_0^{2\pi} \sqrt{4\sin^2 t + 9\cos^2 t}\,\mathrm{d}t$，需用 quad 函数.

2. (1) syms t; x = cos(t); y = sin(t); f = (x + y)*diff(x,t) + (x - y)*diff(y,t); int(f,t,0,pi/2)

   (2) quad(@(x)exp(x.^2),0,1)

总习题 11

1. (1) C,D；(2) A,B；(3) A,C；(4) C.

2. (1) $2+\sqrt{2}$；(2) $\int_L \mathrm{grad} f \cdot \mathrm{d}\boldsymbol{s}$ 或 $\int_L \nabla f \cdot \mathrm{d}\boldsymbol{s}$.

3. (1) $\sqrt{2}$；(2) $2a^2$；(3) (a) $\frac{1}{6}$；(b) $\frac{\pi}{8}$；(4) 2；(5) $\frac{\pi}{2}a^2(b-a)+2a^2b$；(6) $\frac{x^3}{3}+x^2y-xy^2-\frac{y^3}{3}+C$；(7) $(x+1)y+C$；(8) L 不包围 O 时为 0，包围 O 时为 2π；(9) 略；(10) $k=-1$，$u(x,y)=\mathrm{e}^x\sin y-\mathrm{e}^y\cos x$.

4. (1) $\frac{a}{3}(2\sqrt{2}-1)$；(2) $\left(2\pi a^2+\frac{56}{3}\pi^3 b^2\right)\sqrt{a^2+b^2}$；(3) $\frac{3\pi}{2}$；(4) 略.

第 12 章 曲面积分

习题 12-1 对面积的曲面积分

1. $4\sqrt{61}$.

2. $\frac{\pi}{2}(1+\sqrt{2})$.

3. $\frac{32}{9}\sqrt{2}$.

4. $\frac{8}{3}\pi a^4$. 注意利用上下半球面的对称性.

5. πa^3.

习题 12-2 对坐标的曲面积分

1. (1) B；(2) B.

2. (1) $\frac{27}{8}$；(2) $\frac{9}{2}$；(3) 9.

3. $-\pi^2$.

4. $\frac{\pi}{4}$.

5. $\iint\limits_{\Sigma}[xP+yQ+\sqrt{1-x^2-y^2}R]\mathrm{d}S$.

习题 12-3 Gauss 公式和散度

1. $y+z+x$.

2. 24π.

3. -16π.

4. $yx^{y-1} + \dfrac{xe^{xy}}{1+(e^{xy})^2} + \dfrac{y}{1+yz}$.

5. 12π.

6. $\dfrac{\pi}{4}$. 提示：化为三重积分后，可利用 x, y 均为积分区域上的奇函数简化计算.

7. 提示：$\dfrac{\partial u}{\partial \boldsymbol{n}} = \nabla u \cdot \boldsymbol{n}^\circ$, $\boldsymbol{n}^\circ \mathrm{d}S = \mathrm{d}\boldsymbol{S} = (\mathrm{d}y\mathrm{d}z, \mathrm{d}z\mathrm{d}x, \mathrm{d}x\mathrm{d}y)$, 再用 Gauss 公式.

8. 6π.

9. $-\dfrac{1}{2}\pi a^3$. 提示：Σ 上 $x^2 + y^2 + z^2 = a^2$, 代入积分，再用 Gauss 公式.

习题 12-4 Stokes 公式和旋度

1. 2π.

2. $\dfrac{3}{2}$.

3. (1) $2xy + 2yz + 2zx$; (2) $(2y+2z, 2x+2z, 2x+2y)$; (3) $(-y^2, -z^2, -x^2)$.

4. $-\dfrac{3}{2}\pi$.

5. $-\dfrac{17}{4}\pi$.

6. 4π.

习题 12-P 程序实现

1. `syms r theta R; f = R * r^3/sqrt(R^2 - r^2); intr = int(f,r, 0,R); intf = int(intr, theta, 0, 2 * pi)`. 提示：积分化为

$$\iint\limits_{x^2+y^2 \leqslant R^2} \dfrac{R(x^2+y^2)}{\sqrt{R^2-x^2-y^2}} \mathrm{d}x\mathrm{d}y = \int_0^{2\pi} \mathrm{d}\theta \int_0^R \dfrac{Rr^3}{\sqrt{R^2-r^2}} \mathrm{d}r.$$

2. `syms r theta; f = r^2 * sqrt(1 - r^2) * sin(theta); intr = int(f,r,0,1); intf = 2 * int(intr,theta,0,pi)`. 提示：积分化为

$$2\iint\limits_{\substack{z^2+x^2 \leqslant 1 \\ z \geqslant 0}} z\sqrt{1-z^2-x^2} \mathrm{d}z\mathrm{d}x = 2\int_0^\pi \mathrm{d}\theta \int_0^1 r^2\sqrt{1-r^2}\sin\theta \mathrm{d}r.$$

3. `syms x y z; F = [x^2*y,y^2*z,z^2*x]; X = [x,y,z]; fprintf('散度: '); disp(divergence(F,X)); fprintf('旋度:\n'); disp(curl(F,X));`

4.

```
x = linspace( -1,1,201); y = x; z = [1,1.01]; [X,Y,Z] = meshgrid(x,y,z);
P = X.^2.*Y; Q = Y.^2.*Z; R = Z.^2.*X;
div = divergence(X,Y,Z,P,Q,R); [rotx,roty,rotz] = curl(X,Y,Z,P,Q,R);
X = X(:,:,1); Y = Y(:,:,1);   Z = Z(:,:,1);
div = div(:,:,1);   rotx = rotx(:,:,1); roty = roty(:,:,1);
rotz = rotz(:,:,1);
subplot(2,4,1); mesh(X,Y,div); title('数值散度');
subplot(2,4,2); mesh(X,Y,rotx); title('数值旋度(x)');
subplot(2,4,3); mesh(X,Y,roty); title('数值旋度(y)');
subplot(2,4,4); mesh(X,Y,rotz); title('数值旋度(z)');
```

```
DIV = 2*(X.*Y + Y.*Z + Z.*X); ROTx = -Y.^2; ROTy = -Z.
^2; ROTz = -X.^2;    % 精确值
subplot(2,4,5); mesh(X,Y,div - DIV); title('误差[散度]');
subplot(2,4,6); mesh(X,Y,rotx - ROTx); title('误差[旋度(x)]');
subplot(2,4,7); mesh(X,Y,roty - ROTy); title('误差[旋度(y)]');
subplot(2,4,8); mesh(X,Y,rotz - ROTz); title('误差[旋度(z)]');
```

总习题 12

1. (1) $2\pi a^2$；(2) $-\pi a^2$；(3) $2\pi^2$；(4) 0；(5) $\dfrac{4}{3}\pi a^3$.

2. (1) $125\sqrt{2}\pi$；(2) $\dfrac{1+\sqrt{2}}{2}\pi$；(3) $-\dfrac{\pi}{6}$；(4) $\dfrac{1}{4}-\dfrac{\pi}{6}$；

(5) 4π. 提示：$\dfrac{x}{r^3},\dfrac{y}{r^3},\dfrac{z}{r^3}$ 在 Σ 围成的 Ω 内不满足 Gauss 公式的条件，需将 Σ 的方程代入积分，再利用对称性；

(6) π. 提示：化为三重积分后，可利用 x,y 均为积分区域上的奇函数简化计算，用柱面或球坐标系皆可；

(7) $\dfrac{29}{20}\pi a^5$. 提示：利用球坐标系.

第 13 章　无穷级数

习题 13-1　常数项级数的概念与性质

1. (1) D；(2) B；(3) B.

2. (1) $1, -\dfrac{1}{2}, \dfrac{1}{3}$；(2) $\dfrac{1}{2}, \dfrac{3}{8}, \dfrac{5}{16}$；(3) $(-1)^n \dfrac{n+1}{n}$.

3. (1) 发散；(2) 收敛.

4. (1) 发散；(2) 发散；(3) 收敛.

5. $\dfrac{1}{(2n)!!}x^{\frac{n}{2}}$.

6. 8.

7. (1) 错；$u_n=(-1)^n$；(2) 错；$u_n=(-1)^n$；(3) 错；$u_n=\dfrac{1}{2^n}$.

8. (1) 错；$a_n=b_n=\dfrac{1}{n}$；(2) 错；$a_n=\dfrac{1}{n},b_n=-\dfrac{1}{n}$；(3) 错；$a_n=-\dfrac{1}{n}$；(4) 正确.

习题 13-2　常数项级数的审敛法

1. (1) 收敛；(2) 发散；(3) 发散.

2. (1) 收敛；(2) 发散；(3) 发散.

3. (1) 发散；(2) 收敛；(3) 收敛.

4. (1) 0；(2) 发散.

5. (1) 收敛；(2) 收敛；(3) 收敛.

6. (1) 收敛；(2) 收敛.

7. (1) 发散；(2) 发散；(3) 发散.

8. (1) B；(2) C；(3) A；(4) C；(5) B；(6) C.

9. $(4,+\infty), (3,4], (-\infty,3]$.

10. (1) 收敛；(2) 收敛.

11. (1) 绝对收敛；(2) 条件收敛；(3) 条件收敛；(4) 发散；(5) 绝对收敛.

12. （1）错；$u_n=\dfrac{1}{2n}$；（2）错；$u_{2k-1}=0, u_{2k}=\dfrac{1}{4k}$；（3）错；$u_n=\dfrac{1}{n^2}$；（4）正确.

13. 提示：利用级数收敛的必要条件.

14. （1）$\sum\limits_{n=1}^{\infty} u_n$ 收敛 $\Rightarrow \lim\limits_{n\to\infty}\dfrac{u_n^2}{u_n}=\lim\limits_{n\to\infty}u_n=0 \Rightarrow \sum\limits_{n=1}^{\infty} u_n^2$ 收敛；

（2）反之不成立，如 $\sum\dfrac{1}{n^2}$ 收敛，但 $\sum\dfrac{1}{n}$ 发散.

习题 13-3　幂级数

1. D.

2. （1）$\dfrac{2}{3}$；（2）$(-\infty,+\infty)$；（3）$[-3,3)$.

3. $(-5,5]$.

4. （1）A；（2）D；（3）B；（4）A.

5. $(-1,3)$.

6. $(-2,2)$.

7. $[-2,2]$.

8. $(-1,1)$，$\dfrac{1}{(1-x)^2}$，2.

9. $[-1,1)$，$-\ln(1-x)$，$\ln\dfrac{3}{2}$.

10. $[-1,1]$，$\arctan x$，$3\arctan\dfrac{1}{3}$.

11. $(-2,2)$，$\dfrac{2x}{(2-x)^2}$，2.

12. $(-3,3]$，$\begin{cases}-\dfrac{1}{x}\ln\dfrac{3+x}{3}, & x\in(-3,0)\cup(0,3], \\ -\dfrac{1}{3}, & x=0.\end{cases}$

13. 可能改变；$\sum\limits_{n=0}^{\infty}\dfrac{(-1)^n}{n+1}x^{n+1}\,(x\in(-1,1])$ 逐项求导后为 $\sum\limits_{n=0}^{\infty}(-1)^n x^n\,(x\in(-1,1))$.

习题 13-4　函数的幂级数展开

1. （1）$\ln 2$；（2）$\sum\limits_{n=0}^{\infty}\dfrac{(\ln a)^n}{n!}x^n\,(-\infty<x<+\infty)$；

（3）$\sum\limits_{n=0}^{\infty}\dfrac{(-1)^n}{3^n n!}x^n\,(-\infty<x<+\infty)$.

2. （1）A；（2）C.

3. （1）$x+\sum\limits_{n=1}^{\infty}\dfrac{(-1)^{n+1}}{n(n+1)}x^{n+1}, x\in(-1,1]$；（2）$\ln 2+\sum\limits_{n=0}^{\infty}\dfrac{(-1)^n}{n+1}\left(1+\dfrac{1}{2^{n+1}}\right)x^{n+1}, x\in(-1,1]$；（3）$\sum\limits_{n=0}^{\infty}\left(1-\dfrac{1}{2^{n+1}}\right)x^n, x\in(-1,1)$.

4. （1）$\sum\limits_{n=0}^{\infty}\dfrac{(-1)^n 2^{2n}}{(2n)!}x^{2n}, x\in(-\infty,+\infty)$；（2）$\sum\limits_{n=0}^{\infty}\dfrac{1}{2^n}x^{n+1}$, $x\in(-2,2)$；（3）$\sum\limits_{n=0}^{\infty}\dfrac{1}{2^{n+1}}(x-1)^n, x\in(-1,3)$.

5. $\sum\limits_{n=1}^{\infty}\dfrac{(-1)^{n-1} 2^{2n-1}}{(2n)!}x^{2n}, x\in(-\infty,+\infty)$.

6. $\sum_{n=0}^{\infty} \frac{(-1)^n}{2}\left[\frac{1}{(2n)!}\left(x+\frac{\pi}{3}\right)^{2n}+\frac{\sqrt{3}}{(2n+1)!}\left(x+\frac{\pi}{3}\right)^{2n+1}\right]$, $x \in (-\infty, +\infty)$.

7. $\sum_{n=0}^{\infty} \frac{(-1)^n}{3^{n+1}}(x-3)^n, x \in (0,6)$.

8. $\ln 4 + \sum_{n=0}^{\infty} \frac{(-1)^n}{4^{n+1}(n+1)}(x-1)^{n+1}, x \in (-3,5]$.

9. $\sum_{n=0}^{\infty} (-1)^n \left(\frac{1}{3^{n+1}}-1\right)(x-3)^n, x \in (2,4)$.

10. $\sum_{n=0}^{\infty} \left(\frac{1}{2^{n+1}} - \frac{1}{4^{n+1}}\right)(x-1)^n, x \in (-1,3)$.

11. $\ln 8 + \sum_{n=0}^{\infty} \frac{(-1)^n}{n+1}\left(\frac{1}{4^{n+1}}+\frac{1}{2^{n+1}}\right)(x-1)^{n+1}, x \in (-1,3]$.

总习题 13

1. (1) C; (2) B; (3) D; (4) C,D,A,B; (5) D; (6) C; (7) A; (8) B.

2. (1) $2S-u_1$; (2) $\sqrt{R}$; (3) $(-3,1)$; (4) 条件收敛; (5) $-\frac{1}{2}$; (6) e^{-1}; (7) $\sum_{n=0}^{\infty} \frac{e}{n!}(x-1)^n$.

3. (1) 发散; (2) 收敛; (3) 收敛; (4) 收敛.

4. (1) $p>1$ 时绝对收敛,$0<p\leqslant 1$ 时条件收敛,$p\leqslant 0$ 时发散; (2) 绝对收敛; (3) 条件收敛; (4) 绝对收敛.

5. (1) $(-2,0)$; (2) $\left(-\frac{1}{3}, \frac{1}{3}\right]$; (3) $\left(-\frac{1}{\sqrt{2}}, \frac{1}{\sqrt{2}}\right)$.

6. (1) $|x|<1, \frac{x^3(1+x^2)}{(1-x^2)^2}$; (2) $2x\arctan x - \ln(1+x^2)$, $\frac{\pi}{3\sqrt{3}} - \ln\frac{4}{3}$.

7. (1) $\sum_{n=0}^{\infty} \frac{(-2)^n - 1}{3}x^n, x \in \left(-\frac{1}{2}, \frac{1}{2}\right)$;

(2) $\sum_{n=0}^{\infty} \frac{(-1)^n 2^{n+1}-1}{n+1}x^{n+1}, x \in \left(-\frac{1}{2}, \frac{1}{2}\right]$;

(3) $\frac{1}{2} + \sum_{n=0}^{\infty} \frac{(-1)^n 2^{2n}}{(2n)!}x^{2n} = 1 + \sum_{n=1}^{\infty} (-1)^n \frac{2^{2n-1}}{(2n)!}x^{2n}, x \in (-\infty, +\infty)$;

(4) $\sum_{n=0}^{\infty}\left(\frac{1}{2^{n+1}} - \frac{1}{3^{n+1}}\right)(x+4)^n, x \in (-6,-2)$;

(5) $\frac{1}{2}\ln 2 + \sum_{n=1}^{\infty} \frac{1}{n}\left(-\frac{1}{2}\right)^{n+1}(x-1)^n, x \in (-1,3]$.

第14章 微积分的应用

习题 14-1 极值的应用

1. (1) $\begin{bmatrix} \sum_{i=1}^{N} x_i^4 & \sum_{i=1}^{N} x_i^3 & \sum_{i=1}^{N} x_i^2 \\ \sum_{i=1}^{N} x_i^3 & \sum_{i=1}^{N} x_i^2 & \sum_{i=1}^{N} x_i \\ \sum_{i=1}^{N} x_i^2 & \sum_{i=1}^{N} x_i & N \end{bmatrix} \begin{bmatrix} a \\ b \\ c \end{bmatrix} = \begin{bmatrix} \sum_{i=1}^{N} x_i^2 y_i \\ \sum_{i=1}^{N} x_i y_i \\ \sum_{i=1}^{N} y_i \end{bmatrix}$;

(2)

```
x = [0.338 0.689 0.815 1.374 1.424 1.526 2.078 2.220 2.440]';
y = [-7.271 -0.071 1.708 8.384 8.089 9.058 7.643 6.692 4.102]';
N = length(x);
%% 拟合参数
Mcf = [sum(x.^4),sum(x.^3),sum(x.^2); sum(x.^3),sum(x.^2),sum(x);
sum(x.^2),sum(x),N];
Rhs = [sum(x.^2.*y),sum(x.*y),sum(y)]';
para = Mcf\Rhs; fprintf('a = %.3f, b = %.3f, c = %.3f\n',
para);
%% 拟合曲线和测量值
X = linspace(floor(min(x)),ceil(max(x)),1001)';
Y = para(1)*X.^2 + para(2)*X + para(3);     %拟合结果
subplot(1,2,1); hold on; plot(x,y,'* black'); plot(X,Y,'black');
hold off;
legend('测量值','拟合曲线'); title('(a) 拟合结果');
xlabel('x','FontSize',14); ylabel('y','FontSize',14);
%% 测量点处的拟合误差
subplot(1,2,2); plot(x,y-(para(1)*x.^2 + para(2)*x + para(3)),'* black');
grid on;title('(b)误差');xlabel('x','FontSize',14);ylabel('Error');
```

2. (1) $\begin{bmatrix} \sum_{i=1}^{N} e^{2x_i} & \sum_{i=1}^{N} e^{x_i} \\ \sum_{i=1}^{N} e^{x_i} & N \end{bmatrix} \begin{bmatrix} a \\ b \end{bmatrix} = \begin{bmatrix} \sum_{i=1}^{N} e^{x_i} y_i \\ \sum_{i=1}^{N} y_i \end{bmatrix}$; (2) 略.

习题 14-2 微分方程的应用

1. (1) $\dfrac{\mathrm{d}h}{\mathrm{d}t} = -\dfrac{a}{A(h)}\sqrt{2gh}, h(0) = H$;

(2) $\begin{cases} \dfrac{h_k - h_{k-1}}{\tau} = -\dfrac{a}{A(h_{k-1})}\sqrt{2gh_{k-1}}, k=1,2,\cdots,n \\ h_0 = H, \end{cases}$ 其中 $\tau = \dfrac{t}{n}$;

(3) $h_0 = H, h_k = h_{k-1} - \dfrac{a\tau}{A(h_{k-1})}\sqrt{2gh_{k-1}}, k=1,2,\cdots,n$;

(4) 略.

习题 14-3 微积分思想及其应用

1. $F = F_\infty \sin\theta \big|_{\tan\theta = \frac{L}{2}/r} = \dfrac{F_\infty}{\sqrt{1+(2r/L)^2}}$. 程序: r = 1; Finf = 1; L = linspace(0,10,1001); alf = atan(L/2/r); F = Finf*sin(alf); plot(L,F,'black')

2. (1) $F_x = 0, F_y = \displaystyle\int_{-\frac{\pi}{2}}^{\frac{\pi}{2}} \dfrac{kQ\lambda R(R\sin\theta - r)}{[(R\cos\theta)^2 + (R\sin\theta - r)^2]^{3/2}} \mathrm{d}\theta$;

(2) 函数[1]：

```
function fyr = fy(theta)
global r; kqlmd = 1; R = 1;
fyr = kqlmd * R * (R * sin(theta) - r) ./ ((R * cos(theta)).^2 +
(R * sin(theta) - r).^2).^(3/2);
end
```

调用：

```
global r; N = 1000; rv = linspace(0,10,N+1);
for i = 1: length(rv)
    r = rv(i); fyr(i) = quad(@fy, -pi/2,pi/2);
end
plot(rv,fyr)
```

3. 提示：设横向位移 $u(x,t)$，切线倾角 $\alpha(x,t)$，在假设下有 $\sin\alpha \approx \tan\alpha = \dfrac{\partial u}{\partial x}$，则 $T\sin\alpha(x,t)\big|_{x=x_0}^{x=x_0+\Delta x}\Delta t = \rho\Delta x \dfrac{\partial u(x,t)}{\partial t}\bigg|_{t=t_0}^{t=t_0+\Delta t}$

可近似为 $\dfrac{\dfrac{\partial u}{\partial x}\big|_{x=x_0+\Delta x} - \dfrac{\partial u}{\partial x}\big|_{x=x_0}}{\Delta x} = \dfrac{\rho}{T}\dfrac{\dfrac{\partial u}{\partial t}\big|_{t=t_0+\Delta t} - \dfrac{\partial u}{\partial t}\big|_{t=t_0}}{\Delta t}$，取极限

得 $\dfrac{\partial^2 u}{\partial x^2} = \dfrac{\rho}{T}\dfrac{\partial^2 u}{\partial t^2}$。由积分形式推导的方法略。

习题 14-4 级数的应用

1. 略.

2. (1) $\tilde{u}_n = \begin{cases} u_0, & n=0, \\ \dfrac{\tilde{f}_{n-1}}{n} = \dfrac{f^{(n-1)}(0)}{n!}, & n>0; \end{cases}$ (2) (a) 略；(b) 可用

程序 quad(@(t)exp(-t.^2),0,1,1e-10) 达到数值积分的精度．

总习题 14

1.

(1) $\begin{bmatrix} \sum\limits_{i=1}^{N} x_i^4 & \sum\limits_{i=1}^{N} x_i^3 & \sum\limits_{i=1}^{N} x_i^2\ln x_i & \sum\limits_{i=1}^{N} x_i^2 \\ \sum\limits_{i=1}^{N} x_i^3 & \sum\limits_{i=1}^{N} x_i^2 & \sum\limits_{i=1}^{N} x_i\ln x_i & \sum\limits_{i=1}^{N} x_i \\ \sum\limits_{i=1}^{N} x_i^2\ln x_i & \sum\limits_{i=1}^{N} x_i\ln x_i & \sum\limits_{i=1}^{N} \ln^2 x_i & \sum\limits_{i=1}^{N} \ln x_i \\ \sum\limits_{i=1}^{N} x_i^2 & \sum\limits_{i=1}^{N} x_i & \sum\limits_{i=1}^{N} \ln x_i & N \end{bmatrix} \begin{bmatrix} a \\ b \\ c \\ d \end{bmatrix} = \begin{bmatrix} \sum\limits_{i=1}^{N} y_i x_i^2 \\ \sum\limits_{i=1}^{N} y_i x_i \\ \sum\limits_{i=1}^{N} y_i \ln x_i \\ \sum\limits_{i=1}^{N} y_i \end{bmatrix}$;

(2) 程序略；拟合函数为 $y = 0.833x^2 - 3.297x - 12.106\ln x + 8.728$；用工具箱时，选择自定义函数，输入即可，截图如下：

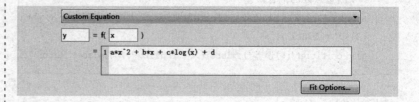

---

[1] r 不是积分变量，用全局变量(global)而非参数的形式，在调用程序中赋值，供函数直接使用．

2.

(1) 由 $\dfrac{f_y}{f_x}=\dfrac{v_y}{v_x}=\tan\alpha$ 和 $f^2=f_x^2+f_y^2$ 及反向条件，得 $f_x=-f\cos\alpha$，$f_y=-f\sin\alpha$；

(2) $\dfrac{\mathrm{d}v_x}{\mathrm{d}t}=-\dfrac{f}{m}\cos\alpha$，$\dfrac{\mathrm{d}v_y}{\mathrm{d}t}=-g-\dfrac{f}{m}\sin\alpha$；

(3) 微分方程：$\dfrac{\mathrm{d}}{\mathrm{d}t}\begin{bmatrix}v_x\\v_y\end{bmatrix}=-\begin{bmatrix}\dfrac{f}{m}\cos\alpha\\g+\dfrac{f}{m}\sin\alpha\end{bmatrix}(t>0)$，$\begin{bmatrix}v_x(0)\\v_y(0)\end{bmatrix}=\begin{bmatrix}u_x\\u_y\end{bmatrix}$；其他方程：$\alpha=\arctan\dfrac{v_y}{v_x}$；

(4) $\begin{cases}\dfrac{v_x^{n+1}-v_x^n}{\tau}=-\dfrac{f(\mathbf{V}_n)}{m}\cos\alpha_n；\\ \dfrac{v_y^{n+1}-v_y^n}{\tau}=-\dfrac{f(\mathbf{V}_n)}{m}\sin\alpha_n-g，其中 \alpha_n=\arctan\dfrac{v_y^n}{v_x^n}，n=0,1,\cdots.\end{cases}$ $\begin{bmatrix}v_x^0\\v_y^0\end{bmatrix}=\begin{bmatrix}u_x\\u_y\end{bmatrix}$，

$t=14.70$ 时开始竖直方向为匀速下落，速率为 28.23；$t=21.39$ 时开始竖直下落，速率 28.25；程序：

```
function OblThr()
    m = 1; gma = 0.2; tau = 1e-3; g = 9.8;
    nt = 1; Tv = 0; V = [10,10]';
    t4Plot = 0.1; n4Plot = round(t4Plot/tau + 1e-5);
    tEnd4Plot = 10; nEnd4Plot = round(tEnd4Plot/tau + 1e-5);
    ifEven = [0,0]; % 记录是否开始匀速或匀加速运动
    while 1
        Vbf = V(:,nt); % 前一时刻的速度
        fs = f(Vbf,gma);
        if Vbf(1) < 1e-15
            V(1,nt) = 0; alf = sign(Vbf(2)) * pi/2;
        else
            alftan = Vbf(2)/Vbf(1); alf = atan(alftan); clear alftan
        end
        acc(1,1) = - fs * cos(alf)/m;
        acc(2,1) = - fs * sin(alf)/m - g;
        Acc(:,nt) = acc;
        %% 计算下降高度（复化梯形公式）
        if nt == 1
            H(1,nt) = 0; H(2,nt) = 0;
        else
            H(1,nt) = (V(1,1) + V(1,end))/2 + sum(V(1,2:end-1));
            H(2,nt) = (V(2,1) + V(2,end))/2 + sum(V(2,2:end-1));
            H(:,nt) = H(:,nt) * tau;
        end
        %% 作加速度图，速度图，坐标图
        tnow = (nt - 1) * tau;
        if mod(nt-1,n4Plot) == 0
            figure(1);
            subplot(2,3,1);plot(Tv,V(1,:));xlabel('t'); ylabel('v_x');
            subplot(2,3,2);plot(Tv,V(2,:));xlabel('t'); ylabel('v_y');
            subplot(2,3,4);plot(Tv,Acc(1,:));xlabel('t');ylabel('a_x');
            subplot(2,3,5);plot(Tv,Acc(2,:));xlabel('t');ylabel('a_y');
            subplot(2,3,[3,6]); plot(H(1,:),H(2,:));
            xlabel('x'); ylabel('y'); title(['t = ', num2str(tnow)]);
            pause(0.1)
            if nt - 1 == nEnd4Plot
```

```
                fprintf('作图截止时间到,若欲继续运行,请按任意
键;若欲停止程序,请按 Ctrl + C\n'); pause
            end
        end
        if abs(Vbf(1)) < 1e - 2
            if ifEven(1) == 0
                fprintf('x 方向的速度为 0,开始竖直下落: t = %6.2f,
v = %7.2f\n', tnow, abs(Vbf(2)));
                fprintf('若欲继续运行,请按任意键;若欲停止程序,
请按 Ctrl + C\n'); pause
                ifEven(1) = 1;
            end
        end
        if abs(acc(2,1)) < 1e - 2
            if ifEven(2) == 0
                fprintf('y 方向加速度为 0,竖直方向匀速: t = %6.2f,
v = %7.2f\n', tnow, sqrt(Vbf(1)^2 + Vbf(2)^2));
                fprintf('若欲继续运行,请按任意键;若欲停止程序,
请按 Ctrl + C\n'); pause
                ifEven(2) = 1;
            end
        end
        %% 计算下一时刻的速度并记录
        Tv(nt + 1) = tau * nt;
        V(:,nt + 1) = Vbf + tau * acc;
        nt = nt + 1;
    end
end
function fs = f(V, gma)
    absv = sqrt(V(1)^2 + V(2)^2);
    alfv = 6 * absv/(absv + 1000);
    fs = gma * absv^(1 + alfv);
end
```

(5) 程序:

```
function OblThr()
global gma m g;
m = 1; gma = 0.2; g = 9.8;
V0 = [10,10];
tEnd4Plot = 10;
[Tv,V] = ode45(@fode,[0,tEnd4Plot],V0);
subplot(1,2,1); plot(Tv,V(:,1)); xlabel('t'); ylabel('v_x');
subplot(1,2,2); plot(Tv,V(:,2)); xlabel('t'); ylabel('v_y');
end
function dV = fode(t,V)
global gma m g;
if V(1) < 1e - 15
    alf = sign(V(2)) * pi/2;
else
    alftan = V(2)/V(1);
    alf = atan(alftan); clear alftan
end
fs = f(V,gma);
dV = zeros(2,1);
dV(1) = - fs * cos(alf)/m;
dV(2) = - fs * sin(alf)/m - g;
end
function fs = f(V,gma)
absv = sqrt(V(1)^2 + V(2)^2);
alfv = 6 * absv/(absv + 1000);
fs = gma * absv^(1 + alfv);
end
```

参考答案

3.

(1) $M=|\boldsymbol{F}|L\sin\varphi$, $W=\int|\boldsymbol{F}|\sin\varphi\mathrm{d}s=\int_{\alpha_0}^{\alpha}|\boldsymbol{F}|\sin\varphi L\mathrm{d}\theta=\int_{\alpha_0}^{\alpha}M\mathrm{d}\theta$;

(2) $M=\int_0^R r\mathrm{d}f(r)=\int_0^R r\mu g\rho\mathrm{d}S=\mu\rho g\int_0^R 2\pi r^2\mathrm{d}r=\frac{2}{3}\pi\mu\rho gR^3$, $W=\frac{4}{3}\pi^2\mu\rho gR^3$;

(3) 椭圆片微元所受的摩擦力矩微元 $\mathrm{d}M=\mu\rho gab\sqrt{(a\cos\theta)^2+(b\sin\theta)^2}\,r^2\mathrm{d}r\mathrm{d}\theta(r\in[0,1])$，对 θ 积分时，$\int_0^{2\pi}\sqrt{(a\cos\theta)^2+(b\sin\theta)^2}\,\mathrm{d}\theta$ 难以直接计算，可采用数值积分.

4.

(1) $(l+1)(l+2)c_{k,l+2}=\gamma^2(k+1)(k+2)c_{k+2,l}$, $\sum_{k=0}^{\infty}x^k c_{k,0}=\varphi(x)$, $\sum_{k=0}^{\infty}x^k c_{k,1}=\psi(x)$, $\sum_{k=0}^{\infty}\sum_{l=0}^{\infty}a^k t^l c_{kl}=\alpha(t)$, $\sum_{k=0}^{\infty}\sum_{l=0}^{\infty}b^k t^l c_{kl}=\beta(t)$;

(2) $\sum_{k=0}^{N}\sum_{l=2}^{M}l(l-1)x_i^k t_j^{l-2}c_{kl}=\gamma^2\sum_{k=2}^{N}\sum_{l=0}^{M}k(k-1)x_i^{k-2}t_j^l c_{kl}$ ($1\leqslant i\leqslant N-1$, $2\leqslant j\leqslant M$), $\sum_{k=0}^{N}x_i^k c_{k,0}=\varphi(x_i)$, $\sum_{k=0}^{N}x_i^k c_{k,1}=\psi(x_i)$ ($0\leqslant i\leqslant N$), $\sum_{k=0}^{N}\sum_{l=0}^{M}a^k t_j^l c_{kl}=\alpha(t_j)$, $\sum_{k=0}^{N}\sum_{l=0}^{M}b^k t_j^l c_{kl}=\beta(t_j)$ ($2\leqslant j\leqslant M$).

分析：除 $l=0,1$ 两层的系数可由初始条件的离散形式直接计算得出之外，其他层均由边界条件耦合在一起，无法逐层迭代；

(3) 将 $\{c_{kl}\}$ 按时间层拉伸为列向量 $[c_{00},c_{10},\cdots,c_{N0},\cdots,c_{0M},c_{1M},\cdots,c_{NM}]^{\mathrm{T}}$，对应程序如下：

```
function Ansr = VbrStrPdeSolve()
gma = 0.5;
a = 0; b = 1; N = 100; h = (b-a)/N; X = linspace(a,b,N+1)';
tEnd = 2; M = 200; tau = tEnd/M; T = linspace(0,tEnd,M+1)';
t4Plot = [0,0.5,1,1.5,2]; j4Plot = round(t4Plot/tau + 1e-5);
%% 初值
[Phi,Psi] = f_Ini(X,gma);
%% 系数矩阵和右端项
Mcf = zeros((N+1)*(M+1));
Rhs = zeros((N+1)*(M+1),1);
% 初始条件部分
Mtp = zeros(N+1);
for j = 0:N
    Mtp(:,j+1) = X.^j;
end
Mcf(1:N+1,1:N+1) = Mtp; Rhs(1:N+1,1) = Phi;
Mcf(N+2:2*(N+1),N+2:2*(N+1)) = Mtp; Rhs(N+2:2*(N+1),1) = Psi;
% 2~M 层
for jj = 2:M
    tnow = T(jj + 1);
    il0 = jj*(N+1); % 基础行号
    for ii = 1:N-1
        xnow = X(ii + 1);
        il = il0 + ii;
        Vcf = zeros(1,(N+1)*(M+1));
        for k = 0:N
            for l = 2:M
```

```
                ic = f_psxn(k,l,N,M);
                Vcf(1,ic) = xnow^k * tnow^(l-2) * l * (l-1);
            end; clear l ic
        end; clear k
        for k = 2:N
            for l = 0:M
                ic = f_psxn(k,l,N,M);
                Vcf(1,ic) = Vcf(1,ic) - gma^2 * xnow^(k-2)
    * tnow^l * k * (k-1);
            end; clear l ic
        end; clear k
        Mcf(il,:) = Vcf; clear Vcf
        Rhs(il,1) = 0;
    end; clear ii il
    %%
    uBdr = f_Bdr([a,b],tnow,gma);
    il = il0 + N;
    for k = 0:N
        for l = 0:M
            ic = f_psxn(k,l,N,M);
            Mcf(il,ic) = a^k * tnow^l;
            Mcf(il+1,ic) = b^k * tnow^l;
        end; clear l ic
    end; clear k
    Rhs([il,il+1],1) = uBdr;
end
%% 求解
CNmr = Mcf\Rhs; clear Mcf; % 释放后面不用的大矩阵占用的内存空间
McfC2U = zeros((N+1)*(M+1));
for k = 0:N
    for l = 0:M
        ic = f_psxn(k,l,N,M);
        for i = 0:N
            for j = 0:M
                il = f_psxn(i,j,N,M);
                McfC2U(il,ic) = X(i+1)^k * T(j+1)^l;
            end
        end
    end
end
uNmr = McfC2U * CNmr; clear McfC2U;
uNmr = reshape(uNmr,N+1,M+1);
%% 返回值
Ansr.X = X; Ansr.T = t4Plot; Ansr.uNmr = uNmr(:,j4Plot+1);
%% 作图
figure(2); [TM,XM] = meshgrid(T,X); mesh(TM,XM,uNmr)
figure(1);
subplot(1,2,1); % 5 个时间点的图
for i = 1:length(t4Plot)
    switch i
        case 1
            linestyle = 'black';
        case 2
            linestyle = 'black :';
        case 3
            linestyle = 'black --';
        case 4
            linestyle = 'black .';
        case 5
            linestyle = 'black -.';
    end
    plot(X,Ansr.uNmr(:,i),linestyle); hold on
```

```
        end
    hold off; xlabel('x'); ylabel('u');
    legend('t = 0','t = 0.5','t = 1','t = 1.5','t = 2');
    subplot(1,2,2); % 终止时刻的误差图
    uExact = f_AnlySlxn(X,tEnd,gma);
    Error = uNmr(:,end) - uExact';
    plot(X,Error); xlabel('x'); ylabel('Error at t = 2');
end
function [u,ut] = f_AnlySlxn(x,t,gma)
% 解析解,用以计算初边值条件以及与数值解比较
    [X,T] = meshgrid(x,t);
    u = exp(X + gma*T) - 2*X - gma*T;
    ut = gma*(exp(X + gma*T) - 1);
end
function [u,ut] = f_Ini(x,gma) % 初始条件
    [u,ut] = f_AnlySlxn(x,0,gma);
end
function ubdr = f_Bdr(xBdr,t,gma) % 边界条件
    ubdr = f_AnlySlxn(xBdr,t,gma);
end
function psxn = f_psxn(k,l,N,M)
% 系数 c_{k,l}在系数向量中的位置(自然位序)
    psxn = l*(N+1) + k + 1;
end
```

5.

(1) 考虑时间段 $[t_1,t_2]$,充分小空间段 $[x_1,x_2]$ 上流过的总热量 Q,有（i）由 $\mathrm{d}Q = -k(x)\frac{\partial u}{\partial x}\mathrm{d}t$ 积分得 $Q = Q_1 - Q_2 = \int_{t_1}^{t_2}\left(-k(x)\frac{\partial u}{\partial x}\right)\Big|_{x_1}^{x_2}\mathrm{d}t = \int_{t_1}^{t_2}\int_{x_1}^{x_2}\frac{\partial}{\partial x}\left(k(x)\frac{\partial u}{\partial x}\right)\mathrm{d}x\mathrm{d}t$；（ii）由 $\mathrm{d}Q = [u(x,t_2) - u(x,t_1)]c(x)\rho(x)\mathrm{d}x$ 积分得 $Q = \int_{x_1}^{x_2}c(x)\rho(x)[u(x,$

$t_2) - u(x,t_1)]\mathrm{d}x = \int_{x_1}^{x_2}c(x)\rho(x)\int_{t_1}^{t_2}\frac{\partial u}{\partial t}\mathrm{d}t\mathrm{d}x$. 令两式相等,并考虑 $[t_1,t_2]$ 和 $[x_1,x_2]$ 的任意性,则有 $c(x)\rho(x)\frac{\partial u}{\partial t} = \frac{\partial}{\partial x}\left(k(x)\frac{\partial u}{\partial x}\right)$；

(2) $\dfrac{u_i^j - u_i^{j-1}}{\tau} = \gamma\dfrac{u_{i+1}^{j-1} - 2u_i^{j-1} + u_{i-1}^{j-1}}{h^2}$, $i = 1,2,\cdots,N-1$, $j = 1,2,\cdots$；

(3) $u_i^0 = \varphi(x_i) =: \varphi_i$, $i = 0,1,\cdots,N$; $\dfrac{u_1^j - u_0^j}{h} = \dfrac{u_N^j - u_{N-1}^j}{h} = 0$, $j = 1,2,\cdots$；

(4) 设 $\mu = \gamma\dfrac{\tau}{h^2}$, $\nu = 1 - 2\mu$, $\boldsymbol{U}^j = [u_0^j, u_1^j, \cdots, u_N^j]^\mathrm{T}$, 格式为

$$\begin{cases} u_i^0 = \varphi_i, i = 0,1,\cdots,N, \\ \begin{bmatrix} 1 & -1 & & & & \\ & 1 & & & & \\ & & \ddots & & & \\ & & & & 1 & \\ & & & & -1 & 1 \end{bmatrix}\boldsymbol{U}^j = \begin{bmatrix} 0 & 0 & 0 & 0 & 0 & 0 & 0 \\ \mu & \nu & \mu & & & & \\ & \ddots & \ddots & \ddots & & & \\ & & & \ddots & \ddots & \ddots & \\ & & & & \mu & \nu & \mu \\ 0 & 0 & 0 & 0 & 0 & 0 & 0 \end{bmatrix}\boldsymbol{U}^{j-1}, j = 1,2,\cdots; \end{cases}$$

(5) $\varphi(x) \approx 9.80x^2 - 11.8x + 10.0$；

(6) 注意该方程为线性方程,故可用摄氏温度直接求解. 达到各温差限的时间为: 16.43s, 93.86s, 171.47s. 程序:

```
function Ansr = DiffPdeSolve()
clc; close all; fclose all;
TempDiffTol = 10.^[0,-1,-2]; % 温差限
gma = 3e-3; a = 0; b = 1;
N = 1000; h = (b-a)/N; X = linspace(a,b,N+1)';
tau = 1e-4; nstep41s = round(1/tau + 1e-5);
n4PlotTempDiff = round(0.1/tau + 1e-5);
t4PlotLine = 30;
mu = gma * tau / h^2; nu = 1 - 2*mu;
MCL = eye(N+1); MCL(1,2) = -1; MCL(end,end-1) = -1;
                % 左端系数矩阵
MCR = eye(N+1)*nu; MCR(1,1) = 0; MCR(end,end) = 0;
                % 右端系数矩阵
for i = 2:N
    MCR(i,i-1) = mu;
    MCR(i,i+1) = mu;
end
MC = MCL\MCR;
%% 初值
Phi = zeros(size(X));
for i = 0:N
    Phi(i+1) = phi(X(i+1));
end
subplot(1,2,1); plot(X,Phi,'black'); hold on
%% 循环：不限定循环次数，用while；配合条件和break跳出循环
n = 0; % 循环次数
Tv = 0; TempDiffv = max(Phi) - min(Phi); % 时间和温差向量
iTol = 0; % 用以记录当前考虑的温差限的编号
tic;
while 1
    n = n + 1;
    t = n/nstep41s;
    % Phi = MCL\(MCR*Phi); % A*X = b 的求解命令: X = A\b
    Phi = MC*Phi;
    %% 每 t4PlotLine s,画图
    if mod(t,t4PlotLine) == 0 && t < 3*t4PlotLine + tau/10
        n4PlotLine = t/t4PlotLine;
        switch n4PlotLine
            case 1
                linestyle = 'black :';
            case 2
                linestyle = 'black --';
            case 3
                linestyle = 'black .';
        end
        subplot(1,2,1); plot(X,Phi,linestyle);
        xlabel('x'); ylabel('u');
    end
    %% 温差达到要求时跳出循环
    TempDiff = max(Phi) - min(Phi);
    isTol = 0; % 是否达到记录的温差限
    if TempDiff <= TempDiffTol(iTol+1)
        isTol = 1;
        iTol = iTol + 1;
    end
    if mod(n,n4PlotTempDiff) == 0 || isTol
        % 每0.1s输出提示信息,作温差随时间的变化图
        Tv(end+1,1) = t; TempDiffv(end+1,1) = TempDiff;
        subplot(1,2,2); plot(Tv,TempDiffv);
        xlabel('t'); ylabel('温差'); pause(0.1)
        fprintf('n = %7d, t = %.2f, 运行时间: %5.1fs, 温差: %7.5f\n',n,t,toc,TempDiff);
        if isTol
            pause % 到温差限的时候暂停,以便记录时间
```

```
            end
            if TempDiff <= TempDiffTol(end)
                break;
            end
        end
    end
end
subplot(1,2,1); hold off; legend('t = 0','t = 30','t = 60','t = 90'); % 图例
%% 返回结果
Ansr.X = X; Ansr.Phi = Phi;
Ansr.Tv = Tv; Ansr.TempDiffv = TempDiffv;
end
function y = phi(x)
y = 9.80*x^2 - 11.8*x + 10.0;
end
```